宇宙まるごとQ&A

はやぶさ2から ブラックホールまで

北本 俊二
原田 知広
亀田 真吾

理工図書

はじめに

２０２０年度のノーベル物理学賞は、ブラックホールの理論的研究で功績を挙げたロジャー・ペンローズ博士と、私たちの住む銀河系の中心にブラックホールが存在することを明らかにした、ラインハルト・ゲンツェル博士とアンドレア・ゲズ博士でした。そして、２０２０年12月には、「はやぶさ2」が小惑星「リュウグウ」からサンプルを携えて帰還しました。２０１９年度のノーベル物理学賞は宇宙論の理論的研究で功績を挙げたジェームズ・ピーブルズ博士と、太陽系外の惑星を初めて発見したミシェル・マイヨール博士とディディエ・ケロー博士でした。イベントホライズンテレスコープによるM87銀河の中心にある超大質量ブラックホールの影の撮像が大ニュースとなったのは２０１９年4月でした。さらに２０１７年度のノーベル物理学賞は、ブラックホールの合体で放射された重力波の初めての検出という功績に与えられました。このように、ここ数年で、宇宙の研究に関して、大発見が報じられるとともに、ノーベル物理学賞として数々の功績が称えられました。世界中で宇宙への関心が高まるばかりです。

ところで、皆様は、都会から離れて、街明かりの少ない山や海に行って、よく晴れて澄み切った、月明かりの無い夜空を眺めたことがあるでしょうか。そこに見える満天の星は何なのだろう、天の川は何なのだろう、広がる宇宙はどうなっているのだろう、等々の疑問をもったことはないでしょうか。古代ギリシャの時代から多くの哲学者や科学者が同じような疑問をもち、その疑問を解き明かそうと努めてきました。私たちが、私たちの住む宇宙、星、地球の構造や進化に興味を持つのは本能的な欲求かもしれません。現代でも、物理学者や天文学者が、宇宙の謎、天体の謎、太陽系の謎を、最新物理学を使った理論的研究や最新技術を駆使した観測的研究で、次々と明らかにしつつも、まだまだ多くの謎が未解決のまま残され、さらに新しい謎も生み出されています。

本書は、私たちの住む地球から、太陽・惑星系、星や私たちの銀河系、そして、銀河系の外の世界、宇宙そのもの、さらにはブラックホールやタイムマシンにまで広範囲に及ぶ題材を、みんなが持つ疑問という形で取り上げ、それらに関する最新の研究成果を解説しました。なお、現在でも謎の部分は謎のままであるとして残してあります。本書を読んで、皆さんが、さらに新たな疑問を持ち、宇宙についてもっと知りたい、研究したいと、好奇心を膨らませていただければ幸いです。

北本　俊二

宇宙まるごとQ&A——目次

第2章　星（北本・原田）　45

第1章

人類の宇宙像、地球、太陽、惑星、太陽系

Q1　地球はなぜ丸いと分かるのでしょうか？

私たちの日常生活では地球が丸いと感じることはほとんどありません。地球は半径約６４００㎞の球に近い形をしています。しかし、私たち人間に比べて非常に大きいので、自分の周りだけを見ていると平らに見えてしまいます。実際、古代の人々は地面が平らであり、球ではないと考えていました。

技術が進み、自分の周りだけでなく遠くのことまで観測できるようになり、地球は丸いということが分かってきました。南北方向に十分離れていれば、同じ時刻で影の長さが異なりますし、港から船が出航し、沖合に到達すると船底の方が水平線より沈んで見えます。これらのことは地球が丸いことから説明できる現象です。大航海時代に入り、世界1周が達成されたことにより、地球には端がなく丸い形をしている、と広く考えられるようになりました。最近では宇宙から地球の写真を撮ることができており、丸いことは明らかです（図1-1は、はやぶさ2が撮った地球の写真）。

さて、それでは地球はなぜ丸いのでしょうか？　これは主に重力によるものと考えられます。洗面器に水をはると、水を入れている間は水面が揺れていますが、時間がたつと水面は平らになります。この状態から水面が一部盛り上がると、その状態は不安定となり、盛り上がった部分から左右に水が流れ、徐々に水面が平らになります。地球ができた時にも同様のことが起きました。地球の場合は、中心に向かって球対称に重力がかかるため、球の表面が安定した面となります。基本的にはこの面から出っ張った高地から、低地にものが流れます。この結果、地球は丸くなったと考えられます。

細かく見れば地球は単純な球ではなく、高地や海溝があります。最も高い山はエベレスト山（標高約９km）であり、最も深いのはマリアナ海溝（深さ約11km）です。人間に比べるとはるかに大きいものですが、地球の直径に比べるとその高低差は約６００分の1となります。およそリンゴの大きさに対して、皮よりも厚み位になっていて、地形の凹凸は地球全体から比べると小さいのです。

図1-1　「はやぶさ２」が地球スイングバイ後に撮影した地球
提供：JAXA、東大など

Q2　地球は磁石？

磁石にはN極とS極があり、これらは引き合う性質をもっています。また、磁石を糸でつるしておくと、N極が北を向きます。方角を知るために使うコンパスはこの性質を利用しています（N極のNはNorth（北）、S極のSはSouth（南）からきています）。地上では南北方向に磁力が働いている、ということは古くから知られていたことのようですが、地球全体が磁力をもっていると考えられるようになったのは、15世紀に入ってからです。イギリスのウィリアム・ギルバートは北に行くと、コンパスの針が水平方向に対して傾いていくことに注目し、地球の内部が磁石になっていればこの現象が説明できるということを発見しました。磁力の向きと水平面の角度を伏角とよびます。図1-2は、棒磁石と砂鉄でN極、S極間の磁力の方向を目に見えるようにした状態を示しています。地球内部にこの棒磁石のような磁力をもつものがあれば、地表での伏角が再現できる、ということです。

それでは、なぜ地球は磁力をもつのでしょうか。実際に棒磁石があるのでしょうか。私たちが目にする棒磁石は熱すると磁力を失ってしまいます。地球の内部は高温になっているため、同じような棒磁石が入っているとは考えにくいです。そこで、電流の流れによって磁力を発生させる電磁石があると考えられています。銅線をぐるぐる巻いたコイルに電流を流すと磁力が発生します。これが電磁石です。電気を使ったモータ等に使われています。実際の地球の内部ではどうなっているのでしょうか。

地球は内側から、核、マントル、地殻で構成されています。このうち核は鉄を主成分としており、固体の状態となっている内側の内核、どろどろの流体になっている外側の外核に分けられます。この外核内の流体の動きによって電流が発生し、磁力が発生していると考えられています。これは「ダイナモ理論」とよばれています。この理論で、多くの現象が説明できるようになってきていますが、まだまだ精力的に研究が進められています。

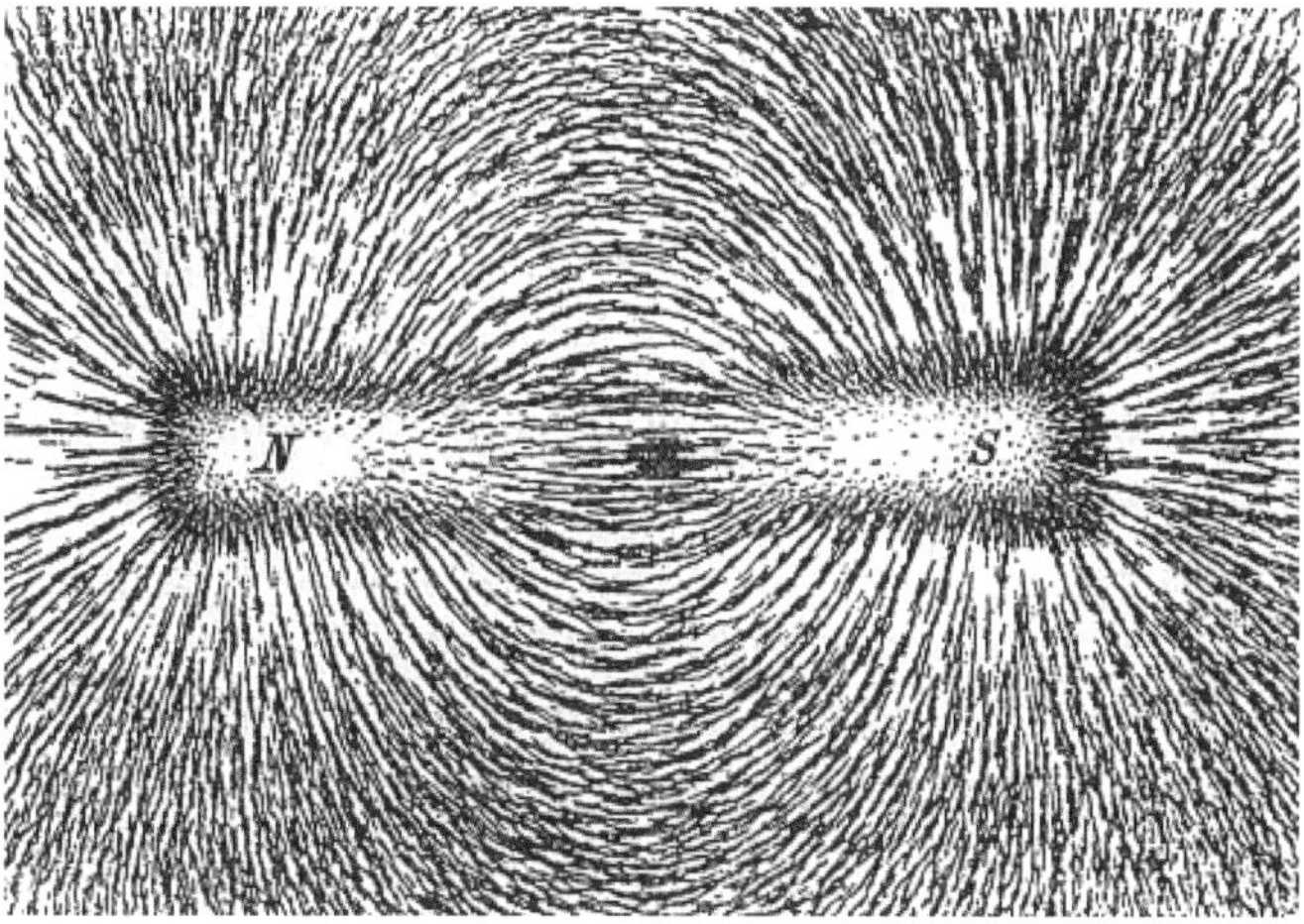

図1-2　磁石と砂鉄による磁力の向き

Q3　地球にはなぜ季節があるの？

日本では7～8月ごろが1番暑く夏とよばれ、1～2月ごろに1番寒く冬とよばれます。これを1年ごとに繰り返しています。これは地球の動きと関係があります。

地球は太陽の周りを1年で1周しています。これを公転とよびます。この軌道は円にかなり近く、太陽からの距離は1年でほとんど一定であり、太陽から地球全体に届くエネルギーはほとんど変わりません。季節があることを説明するためには、さらに地球の自転を考える必要があります。

地球は、北極と南極を結ぶ線を中心に約1日で1回転しています。これを自転とよびます。この自転軸の方向は、公転の面に対して23・4度傾いています（図1-3上）。そのため夏の間は太陽高度（水平面からの太陽方向の角度）が大きくなり、そうすると、太陽から地表面が受け取るエネルギーが大きくなります。図1-3下に示すように、同じ大きさの平面板を太陽光と垂直に置いた時と、斜めに置いた時で、受け取るエネルギーは垂直に置いたときの方が大きくなるわけです。

受け取る太陽光強度が1番強くなるのは6月下旬であり、その後、地表・大気が暖められて7～8月が最も暑くなります。また、12月下旬には受け取るエネルギーが最も小さくなり、その後1～2月が最も寒くなります。これは日本だけでなく北半球（特に緯度23・4度以上）では共通しています。一方で、南半球では逆のことが起きているので、7～8月が寒く、1～2月が暑い、ということになります。

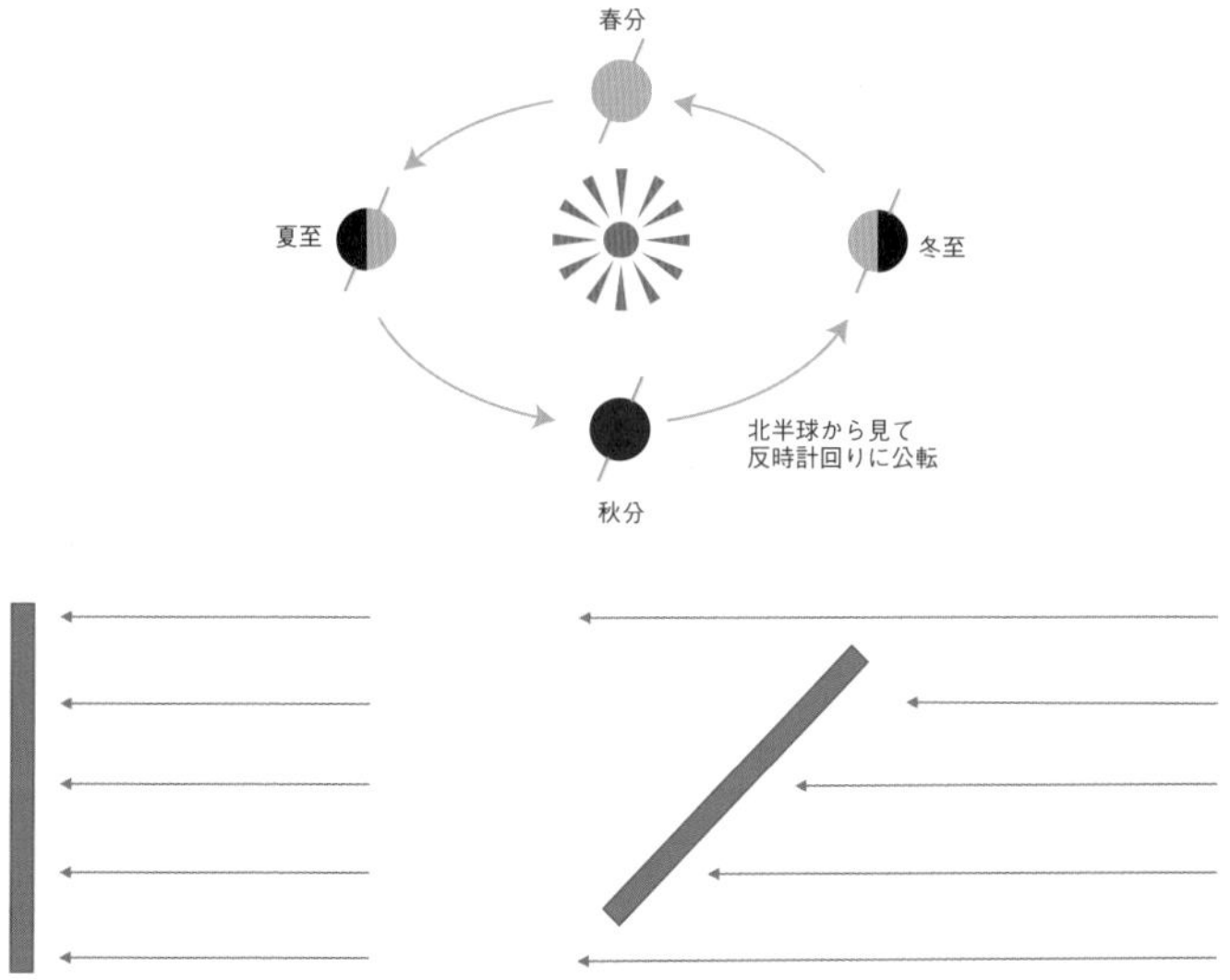

図1-3 （上）地球の公転運動と自転軸の傾き（下）平面板に当たる光

Q4　潮の満ち引きはなぜ起きる？

海の水位は半日の周期で上がったり下がったりを繰り返しており、これを潮の満ち引きといいます。水位が1番上がった時を満潮、下がった時を干潮とよんでいます。高低差は数mから、場所によっては十数mを超えます。これは主に月によって引き起こされる現象です。

地球と月は引力で引き合っていて、ほぼ同じ距離を保っています。宇宙空間では、物体は引力などの力を受けなければまっすぐに進みます。そのため、ある宇宙船が無視できるほど小さい引力の天体の近くを通り過ぎる場合は、宇宙船はほぼまっすぐに進み、天体の距離はどんどん変わっていきます。一方、月は大きな地球の引力を受けて、直進できずに地球側に曲げられた軌道を通ります。この曲がり具合がちょうど地球との距離を一定に保つようになっているのです。

一方で、地球も月から同じ大きさの引力を受けています。地球は月よりもずっと重いので、月に比べるとほとんど動いていないように見えますが、月と同じ周期で、円に近い軌道をとります。この円は小さく、円周上を回っているというよりは、ふらついているようなイメージです。

これを踏まえて、地球表面の海に目を向けてみましょう。地球全体としては、月の引力を受けつつ円の上を回っていますが、引力は距離が近いと強く、遠いと弱くなるため、月に1番近い点には地球の中心の点が受ける引力より強い引力が働き、月と逆側の点には弱い力が働きます（図1-4）。中心の点はちょうど良い速さで回っていて、月との距離を一定に保っていますが、月側の点は同じ速さで回っているのに引力が強いため、より月側に引っ張られる向きに力がかかります。月と逆側の点は、引力が弱いために遠ざかる向きに力がかかります。この力に対して地球の地殻が固いためにほとんど変形しませんが、液体の海は変形します。これによって、月側の海面だけでなく、月と逆側の海面の上昇が引き起こされることになります。

しかし、実際には月が真上に来る時間と、満潮の時間は同じではなく、大きくずれており、場所によっても異なります。海面が力を受けて盛り上がっていく間にも地球が自転しているので、ある位置が満潮になる間に月の真下の位置からずれていくことが原因の１つです。潮の満ち引きは地球上で月の引力を感じることのできる数少ない重要な現象です。

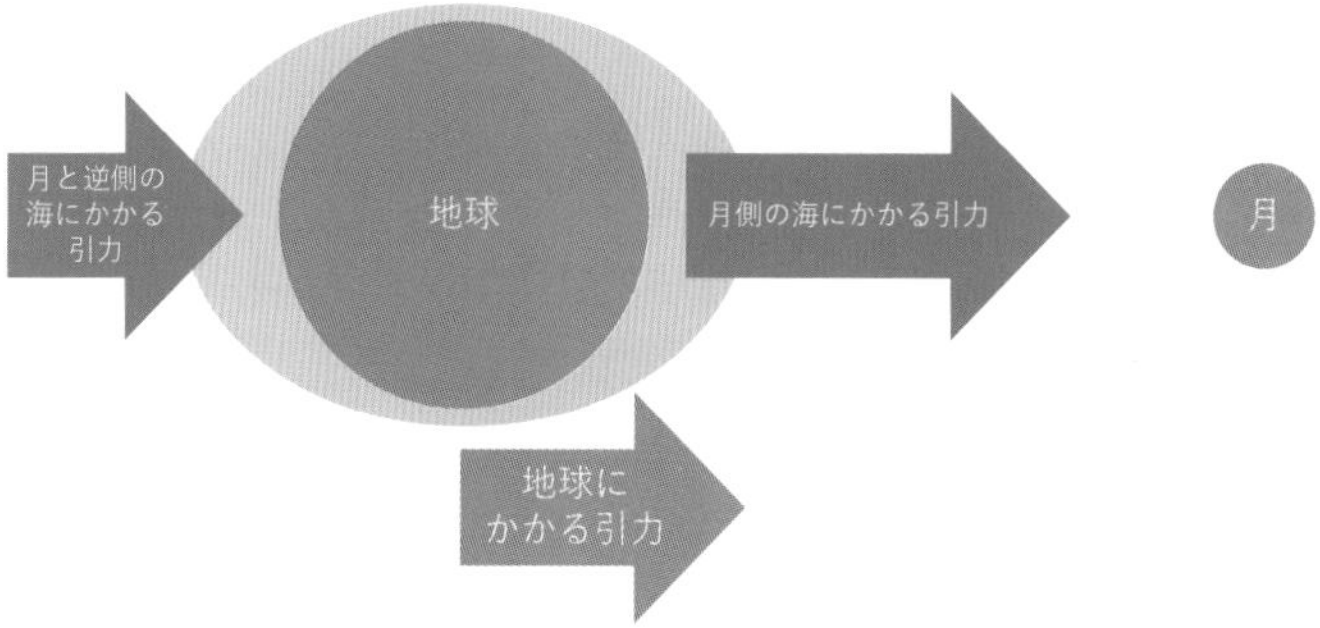

図1-4　月による潮の満ち引き
①月による潮の満ち引き。ただし実際には地球の自転により満潮の位置はずれる。

Q5　空はなぜ青いのですか？

晴れた日には青い空が広がります。なぜ赤でも緑でもなく、青なのでしょうか。

地球の空にある大気の成分は昼も夜もほとんど変わりません。夜の空が暗いのに対し、昼間の空が明るい原因は太陽です。大気中にある分子が太陽の光を散乱して光ります。この時、赤い光より青い光を散乱しやすいために青く見えるのです。

この「散乱」について少し説明します。前方に、こちらに向けて懐中電灯をもっている人がいるとします。自分に向けて懐中電灯の光が直接届きます。そのうちに、霧が出てきたとします。そうすると懐中電灯の光はぼやけて、周り一帯が照らされることになります。これは霧の中の水滴による光の散乱によるものです。霧は赤い光も青い光も同じくらい散乱しますが、大気分子は赤い光より青い光をよく散乱するため、赤い光にとっては霧のないような状態、青い光にとっては霧のあるような状態になります。これによって周辺が青く見えることになります。昼間に青い空が広がっているのは、太陽の光と大気分子の散乱が原因です（図1-5）。雲は白く見えますが、これは雲が霧と同じように赤い光も青い光も同じくらい散乱するためです。

また、朝焼け、夕焼けの時は、太陽の方の空が赤くなります。太陽が見かけ上低い位置にあると、太陽方向からの光は地球大気をより長く通ることになります。すなわち青い光は、霧の中を長い距離通る状態になり、青い光はよく見えなくなります。そのため赤い光が残り、太陽の方が赤く見えるようになります。

それでは、月の空はどうでしょうか。月には大気がありませんので太陽からの光を散乱するものは上空にはありません。そのため、太陽からの光は太陽の方向からだけ届きます。その他の部分の空は真っ暗になっています。

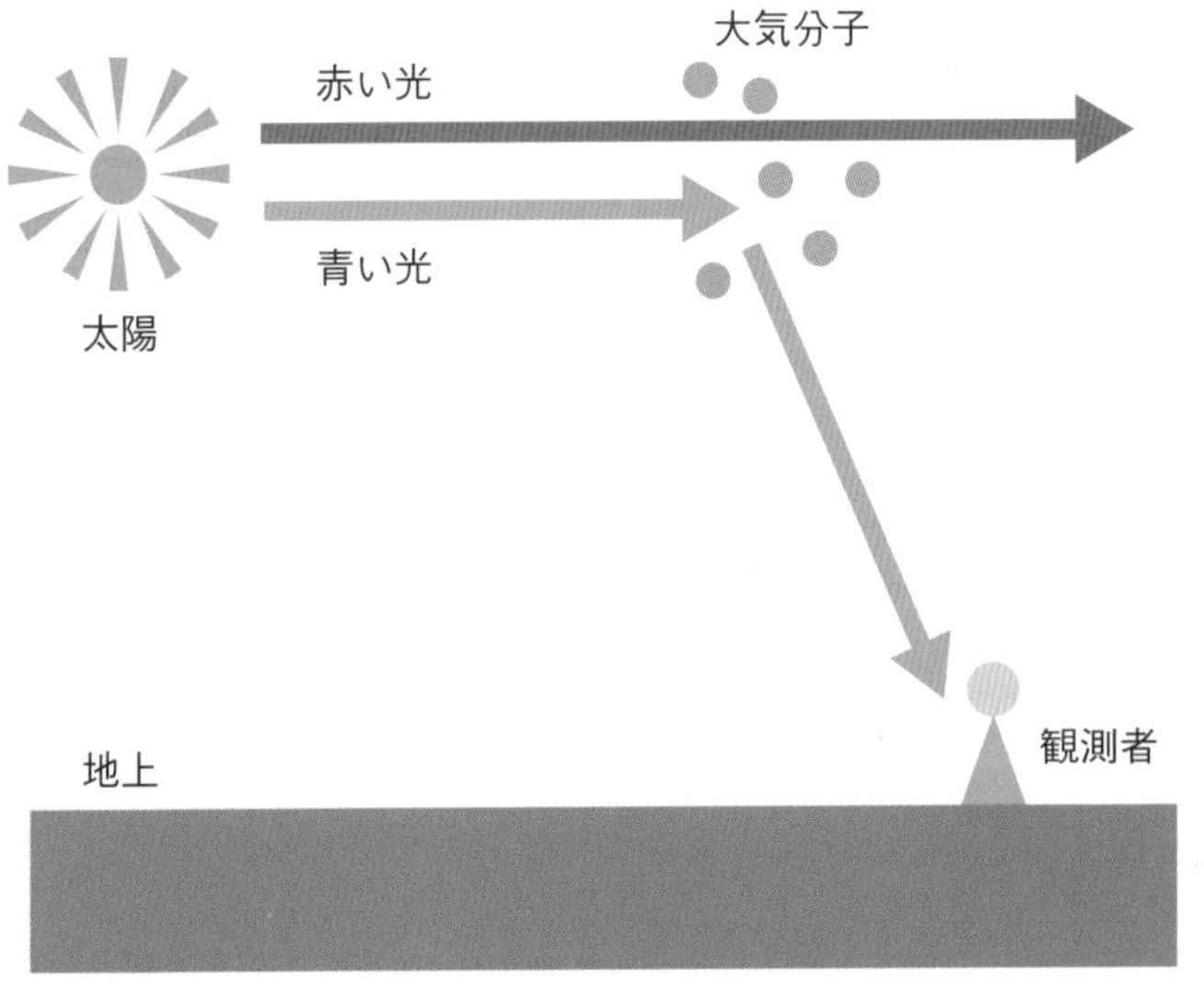

図1-5　地球大気による散乱

Q6　月のクレーターはどうやってできた？

月の表面には円形のくぼみのような地形が多く見られます。これはクレーターとよばれています。地球でも似たような地形があり、この多くは火山の噴火によってできたものです。一方で、月のクレーターは隕石の衝突によってできたと考えられています。地球にも隕石によるクレーターはありますが、月ほど多くはありません。地球と月は、太陽系の中ではほとんど同じ位置にあり、落ちてくる隕石の量もあまり変わらないはずですが、なぜ月にはクレーターが多いのでしょうか。

大気をもつ地球では、大気分子との衝突により隕石は加熱され、特に小さいものは蒸発してしまい、地表にはほとんど落ちてきません。大きい隕石は衝突の影響を受けにくいので、地表に到達してクレーターを作ります。しかし、まず地球の大半が海である上、陸地に落ちた場合でも、長い年月の間に地形が大気や水によって侵食されてクレーターの形がくずされ、識別されにくくなります。しかし、月には大気がないため、比較的小さな隕石でも表面まで到達し、クレーターをつくることができます。このために地球より月に多くのクレーターができます。さらに水もなく地球のように浸食を受けないので、クレーターの地形はずっと維持されることになります。これにより月面にはクレーターが多く残っていることになります。

隕石衝突により、地中の物質がクレーター周辺にまき散らされ、放射状に白く明るい筋を作ります。これは光条《こうじょう》とよばれています（図1-6）。月面では太陽光や太陽風にさらされて表面が黒くなるため、地下にある物質が白く見えています。一方で、はやぶさ2が到着した小惑星リュウグウではクレーター周辺にまき散らされた地下の物質の方が黒い、ということが分かりました。この原因について議論が続けられています。はやぶさ2は、表面の物質と地下にあった物質の両方を取得していると考えられており、地球にも ち帰られた試料の分析に期待がかかっています。

図1-6　月面の光条

Q7 月はどうやってできた？

地球の周りを回り続けている月。この月はいつ、どうやってできたのでしょうか。実際に月ができるところを見たことがある人はいないので、今、得られる情報から推測する必要があります。遠くにあった天体が地球の近くに移動して月になった、という有名な古典ＳＦ小説があります。地球の重力によって月が捉えられたということで「捕獲説」とよばれます。これは有り得るでしょうか。

アポロ計画で得られた月の石や、地球に到達した月隕石の分析により、月ができた（溶けた状態から固まった）のは、地球と同じくらいの時期（44～45億年前）と考えられています。また、その組成は地球のマントルと類似しており、火星、小惑星など天体ごとに異なる酸素同位体比も、地球と月は同程度です。また、地球の赤道面と月の軌道面はほぼ一致しています。これらの実験・観測結果から、遠くでできた天体が飛んできた、と考えるのは難しいようです。それでは、地球と同じように太陽系ができる際に、周辺の物質を集めてできたのでしょうか。地球には中心に重い鉄の核があり、その周りに軽いマントルがあります。一方で、月には鉄の核は無いと考えられており、同じようにできたというのも考えにくい状況です。そこで、現在有力候補として挙げられているのが「巨大衝突説」です（図1-7）。

地球と同時期にできた、小さい火星程度の天体が地球に衝突して粉砕し、衝突の際に放出された地球の外側の物質と混ざり、それが重力で集まって月を形成した、という考え方です。これで、月の組成が地球のマントルに近いこと、酸素同位体比が同程度であること、地球の赤道面と月の軌道面がほぼ一致していることが説明できます。一方で、アポロ計画で採取した試料は月面のうちごく一部ですし、その他、月の内部構造にも未知な部分があり、完全に確定したわけではありません。日本では、火星衛星探査機Martian Moons eXploration（ＭＭＸ）という計画が進められており、火星の月であるフォボスとダイモスがどのように形成されたかを突き止めることを目標としています。フォボスとダイモスは、どちらの軌道面も火星の赤道面とほぼ一致しており、地球の月の起源、太陽系の形成の解明にもつながると考えられます。

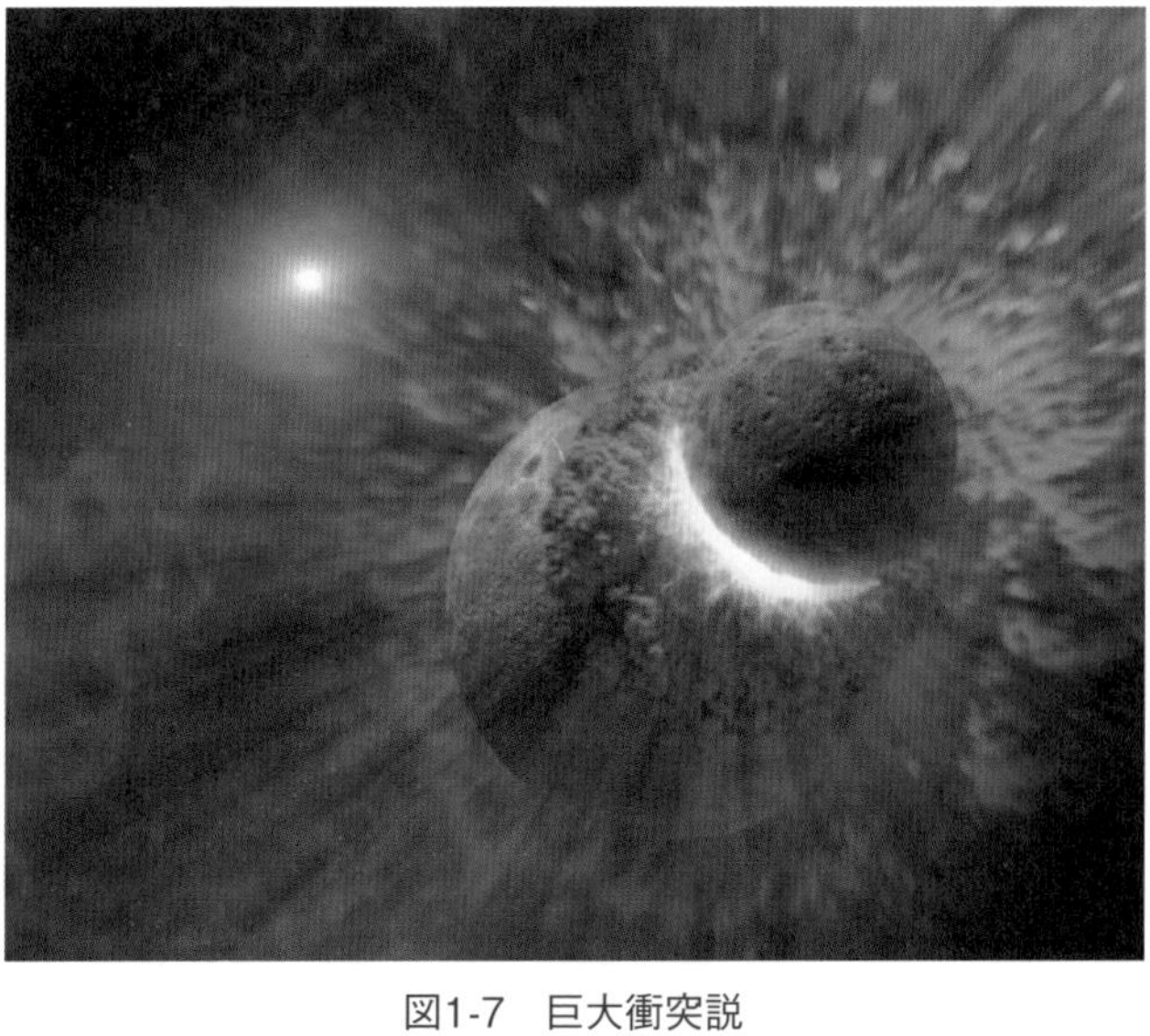

図1-7　巨大衝突説

Q8 太陽から出た光が地球に届くまでどれくらいの時間がかかる？

皆さんは、初日の出を見に行ったことがありますか。初日の出で太陽が見える時刻というのは、太陽を出発して、地平線または水平線の上をかすめて通ってきた光が、私たちの目に届く時刻です。実は光の速さは有限で1秒間に30万kmしか進みません。ですから、幾何学的に太陽が地平線の上に顔を出しても、その時の光が私たちに届くまで時間がかかってしまいます。その時間はおよそ５００秒、すなわち８分20秒かかるのです。太陽と地球の距離、すなわち、地球が太陽の周りをまわる公転軌道の半径、およそ1億5千万kmを光が旅する時間です。

さて、この1億5千万kmという距離はどうやって測ったのでしょうか。測定するためには、17世紀になってつくられたニュートンの力学が必要でした。ニュートンの力学から導くことができるケプラーの第3法則によると、惑星の公転軌道半径の３乗が公転周期の2乗に比例します（図1-8）。また、天体の運動から、地球の公転周期（1年）や、金星の公転周期（２２５日）も分かります。そうすると、地球の公転軌道の半径と、金星の公転軌道の半径の比は、およそ1対０・７２ということが分かります。この比を手がかりに、いろいろな測定のアイデアが提案され、実施もされてきました。

精度の良い測定は20世紀に入って、レーダーを使うことができるようになってからです。レーダーとは、電波を放射して、電波を反射・散乱するものにあたると、放射した電波の一部が戻ってくるので、その放射時刻から戻ってくるまでの時間を測り、反射・散乱するものまでの距離と方向を測定する装置です。この装置で、地球から金星の距離と方向を正確に測定すれば、地球が太陽の周りを公転する半径が分かります。例えば、太陽、金星、地球がこの順番に一直線に並んだ時に地球と金星の距離を正確に測定します。そうすると、地球と太陽の距離と、金星と太陽の距離の比が分かっているので、地球と金星の距離が分かれば、地球と太陽の距離が分かるというわけです。レーダーで太陽の距離を測定できれば話が早いのですが、太陽で反射、散乱されて地球に戻ってくる電波を捉えるのは、太陽自身が電波を大変強く出していることや、散乱される電波が非常に弱いので、難しくてできません。

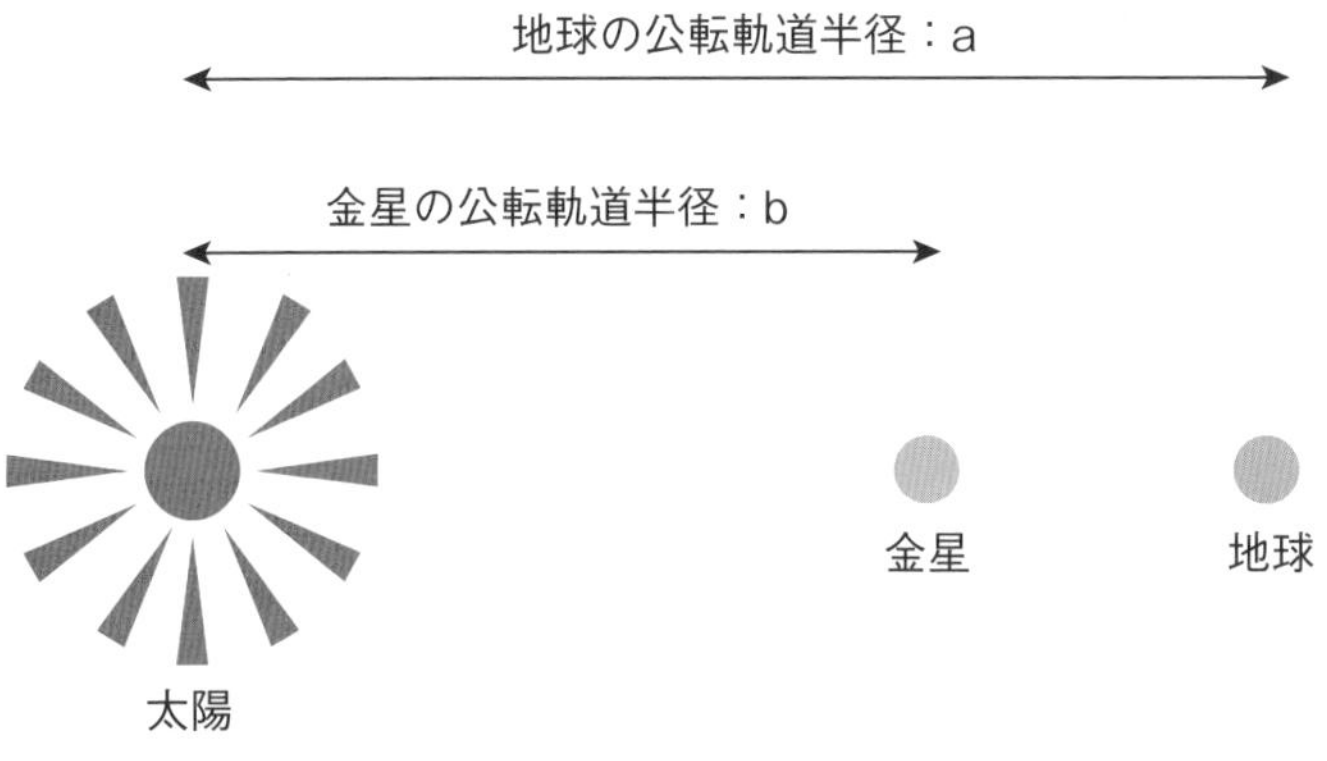

$a^3=k(365)^2$、 $b^3=k(225)^2$ より（k は比例定数）、

$a:b \fallingdotseq 1:0.72$

図1-8　地球と金星の公転軌道半径の比

Q９　太陽の密度はどれくらい？

密度というのは単位体積あたりの質量のことですね。密度を知るためには、体積と質量が必要です。前章に書いたように、太陽までの距離は測定されています。距離がわかれば、太陽は、見かけの大きさ（角度）を測定できるので、太陽の半径も推定できます。太陽の半径は70万kmです。地球の半径が６４００kmなので、地球の半径のおよそ１０９倍です。太陽はほぼ球形ですので、半径がわかれば、球形を仮定して体積は計算でき、1千4百兆㎥の1兆倍です。

では、太陽の質量はどうやって測定するのでしょうか。太陽と地球の距離がわかれば次のようにして決めることができます。

まずニュートンの万有引力の法則では、地球と太陽の引っぱり合う万有引力は次の式で計算されます。

（重力定数）×（地球の質量）×（太陽の質量）／（地球と太陽の距離の２乗）…①

一方、地球は太陽の周りを公転しているので、遠心力で跳ね飛ばされます。その遠心力は、太陽の質量が地球の質量よりずっと重いという仮定をすれば次の式で計算されます。

（地球の質量）×（地球の公転の速さの２乗）／（地球と太陽の距離）…②

この遠心力は地球と太陽の引っ張り合う万有引力と等しくなります（①＝②）（図1-9）。この関係を使うことで、地球の質量を知らなくても、地球と太陽の距離を知っていれば、太陽の質量が導き出せます。なお、地球の公転の速さは、地球が1年で太陽の周りを一周するので計算できますね。計算してみると、太陽の質量は2千兆kgの1千兆倍となり、地球の質量の33万倍です。

さて、先に求めた太陽の体積と質量から太陽の密度を計算してみると、１・４g/cm³になります。水より少し高い密度になります。アルミニウムの密度は２・７g/cm³なので、アルミニウムのおよそ半分です。一方、地球の平均密度を計算すると、５・５g/cm³となり、太陽のおよそ4倍もあります。地球は岩石や金属を豊富に含んでいるからです。でも、１・４g/cm³という値は平均密度で、太陽の内部構造を調べると半径によって随分変わります。中心近くではおよそ１５０g/cm³でたいへん大きいですが、半径の０・６倍あたりでは０・５g/cm³、表面近くでは、非常に小さい値になります。

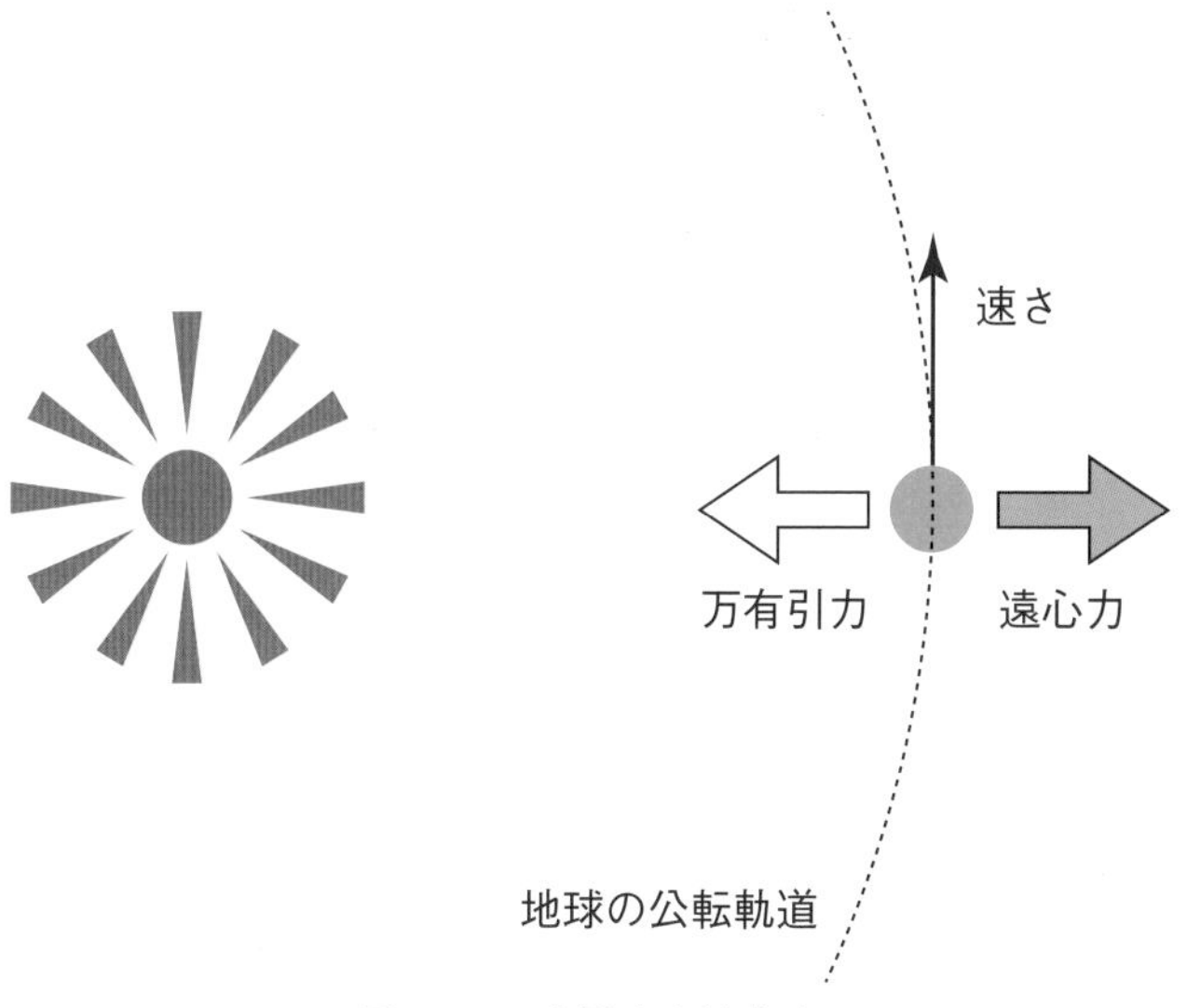

図1-9　万有引力と遠心力

Q10　太陽黒点とは何ですか？

太陽の黒点というのは、図1-10にみられるように、太陽の表面にある、黒いシミのような模様です。黒点は太陽の自転とともに移動して見えるので、ほぼ表面に固定されていると考えられています。非常に大きな黒点が出現した時は、肉眼でもその黒点が見えるそうです。しかし、黒点を観測する場合は、太陽観測についてよく知っている人に教わってください。太陽は明るすぎて、望遠鏡などで見ると、失明してしまう恐れがあり、大変危険です。通常は、望遠鏡で太陽の像を投影板に映して観測します。

さて、この黒点は、17世紀ごろから記録が残っており、およそ11年の周期で出現する頻度が増減します。また、同じ周期で、赤道を挟んで広く分布して出現する状態から、赤道近くにだけ出現する状態への変化を繰り返します。この黒点に強い磁場があることを初めて観測で明らかにしたのは　アメリカのジョージ・ヘールです。ヘールたちはさらに、黒点の多くは太陽の自転方向に2つ並んでおり、自転する方向の前の方向がN極なら、後ろがS極、この関係が自転する赤道を挟んで北側と、南側で反対であること、また、11年周期で、前と後ろの極が入れ替わることを発見しました。ですから実は周期は11年ではなくて22年です。

遠くにある天体の磁石の性質を表す磁場の存在を知ることは、簡単ではありません。ゼーマン効果という現象を使って磁場を測定します。ある種類の原子は決まった波長の光を放射したり、吸収したりする性質があります。ところが、原子が磁場の中にあると、決まっているはずの光の波長は、少し長い波長、短い波長、そして元の波長の3種類に分離します。しかも、分離した光はそれぞれ、光の電場や磁場の振動方向や回転方向が異なっています（偏光しているといいます）。この情報を集めることで、原子がどんな方向でどれくらいの強さの磁場の中に存在するのか調べることができるのです。詳しくは物理学を学べる大学に行って、量子力学を勉強する必要があります。黒点は、磁場が他のところより強くてなっていて、そのため、太陽内部から運ばれるはずの熱が制限され、周りに比べて温度が低くて、暗く見える場所です。なお、黒く見えるとはいえ、他のところより暗いというだけで、本当は、やはり明るく輝いています。

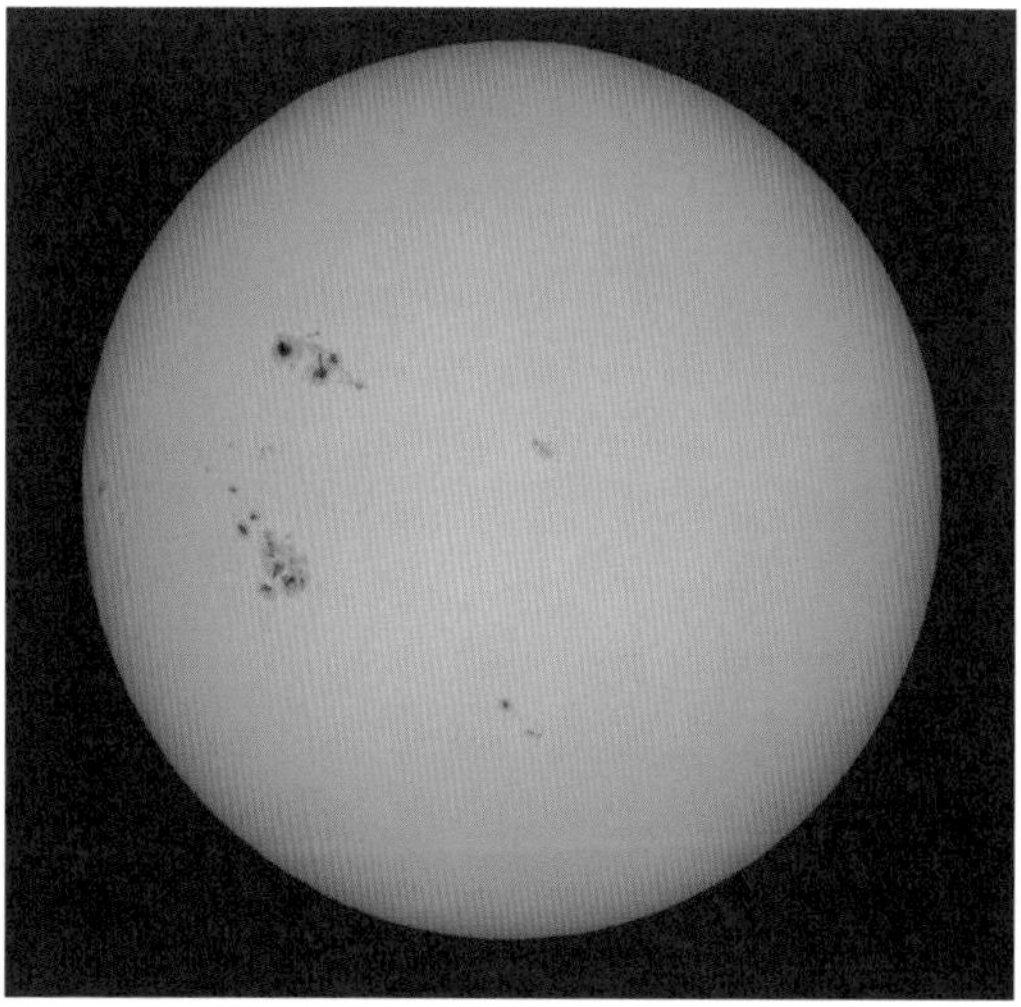

図1-10　太陽黒点
提供：平塚市博物館

Q11　太陽も磁石？

図1-11は太陽観測衛星「ひので」が撮影した、太陽のX線画像です。X線で明るく光っているところの多くが、細い筋状に見えます。アーチ状やループ状に見えるところもあります。

この筋状の構造は、磁石の上に下敷きを置いて、その上に砂鉄を撒いた時に、筋状に砂鉄が繋がり現れる模様に似ています。この筋状の模様に沿った線を磁力線とよびます。太陽のX線像で見られる筋状の構造は、磁力線に沿って分布するX線を放射する高温プラズマ（電離して電荷を帯びたガス）を表しているのです。実際、ループの根本の磁場を測定してみると、N極とS極になっています。このように、太陽は磁石の性質をもつことがよく分かりますが、一方で、棒磁石のようにきれいにS極とN極でできた磁石というよりは、S極とN極の磁石が複雑に混ざり合っていることも分かります。そして、この混ざり合い方は、時間とともに変動します。

では、どうしてこんなに複雑な磁場をもっているのでしょうか。それは、太陽を構成している内部のプラズマの運動にあります。磁場とプラズマは、互いに結びついているので、相互の動きの関係は複雑です。プラズマが十分に濃い場合は、プラズマが動くと、磁場も引き連れて動きます。逆にプラズマの密度が小さく磁場が強いと、磁場の動きに引きずられてプラズマも動くことになります。これは、磁石の上に下敷きを置いて、その上に砂鉄を巻いた場合、磁石を動かすと、砂鉄も引きずられて動くのと同じです。太陽の場合は、内部はプラズマの動きが強く、磁場を引き連れて動きます。しかも、太陽の内部のプラズマは対流をしていたり、緯度によって自転速度が異なっていたりして、大変複雑な動きをしています。磁場も複雑に引きずられ、あたかもゴム紐が引き延ばされ捻られるように、磁力線が引き延ばされ、捻られてしまいます。すなわち、磁場の中にエネルギーが溜め込まれるわけです。この磁力線が太陽表面から出てくると、ループのように見えます。太陽表面より外では、磁場がプラズマより強いので、磁場の動きに合わせてプラズマが引きずられます。そして、磁力線が一気に解けたり、ループの仕方が変わったりすると、蓄えていたエネルギーを解放して、フレアが生じたり、プラズマの塊を太陽の外へ吹き出したりします。

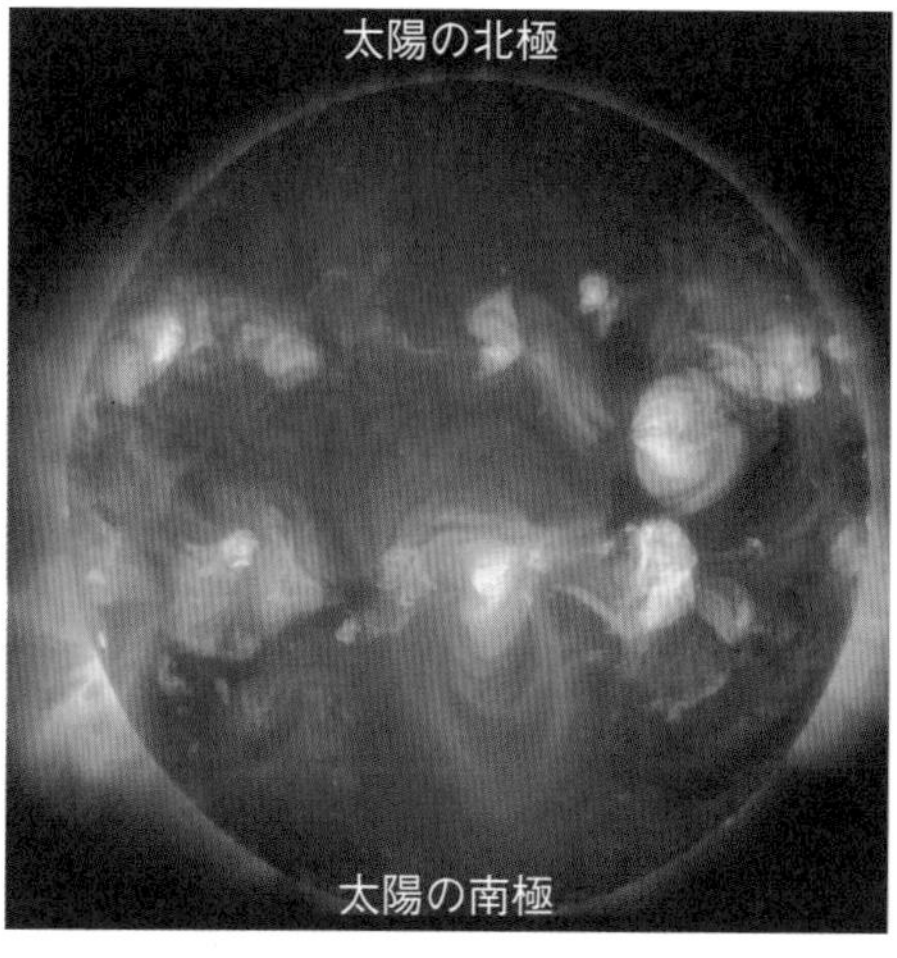

図1-11　太陽観測衛星「ひので」が撮影した太陽のＸ線画像
提供：国立天文台 /JAXA

Q12　オーロラはどうして光る?

皆さんはオーロラ（図1-12）を見たことがあるでしょうか。日本からはほとんど見ることができません。北極か南極近くに行かないと、オーロラは見えません。でも、「国立極地研究所　南極・北極科学館」に行けば、オーロラの映像を見ることができます。

では、なぜ北極や南極近くに現れるのでしょうか。それはオーロラができる原因にあります。地球は北極近くがS極、南極近くがN極の大きな磁石の性質をもつこと、それから、太陽は電離して電荷を帯びたガス（プラズマ）を吹き出していることが関係します。太陽から吹き出されたプラズマの一部は地球の方向にもやってきます。地球は、磁石の性質を持っているので、地球の方向にやってきたプラズマの一部は地球の磁場に捕まってしまいます。地球の磁場に捕まったプラズマは、北極近くや南極近くに向かって磁力線に沿って流れていき、そして、北極や南極近くで地球の高層大気に突入し大気のガスと衝突します。衝突された大気のガスがオーロラとして光ります。ですから、オーロラを見ることができるのは、北極や南極近くというわけです。

さて、オーロラは何色でしょうか。多くは、緑、紫、ピンクで、赤いオーロラもあります。地球の大気は窒素と酸素が大部分です。特に、上空では酸素原子が多く、低空になると酸素分子もありますが、それより窒素分子が多くなります。衝突すると、酸素原子や窒素分子はそれぞれ決まった波長の光、すなわち、決まった色の光を出します。酸素原子は赤や緑などの光を出します。ですが、赤い光を出す時は衝突してから光を出すまでにかかる時間が少し長いので、周りに他の大気ガスがあって、そのガスと衝突してしまうと、赤い光を出しません。ですから、酸素原子が赤い光を出すのは大気の密度の低い、上空２００kmから５００kmの辺りです。それより高度が低く、およそ上空１００kmから２００kmでは、酸素原子は緑の光を強く発します。さらに低い80kmから１００kmあたりでは、酸素原子より、窒素分子が多くなり、窒素分子が出すピンクや紫色で光ることになります。でも写真を見ると、いろいろ複雑な模様が見えて、高度との関係がわかりにくいものです。図1-12は、主に緑の光が複雑に見えています。

図1-12　南極昭和基地から撮ったオーロラ
提供：国立極地研究所

Q13　太陽はあと何年光っていられるの？

太陽の年齢はおよそ46億年です。また、太陽は水素を核融合反応でヘリウムに変換することでエネルギーを産み出し、輝いています。さて、燃料としての水素はいつまでもつのでしょうか。また、安定に核融合反応を続けてくれるのでしょうか。途中で消えたり、逆に激しく核融合を始めたりすると、地球はきっと影響をうけるに違いありません。

まず、燃料を計算してみましょう。太陽の質量はおよそ2千兆kgの1千兆倍です。今の太陽は1秒間におよそ3千5百兆Jの1千億倍のエネルギーを放射しています。このエネルギーを水素の核融合反応で賄うには、毎秒5千6百億kgの水素を核融合反応させれば良いことになります。仮に今の太陽はすべて水素としても、中心あたりでしか核融合反応はできないので、例えば10分の1が燃料として使えると仮定しましょう。そして、今と同じように毎秒5千6百億kgの水素を核融合反応させるとすると、およそ110億年の間は燃料がもつことになります。今の年齢のおよそ2倍です。

では、水素が中心核で核融合反応を起こしている間は安泰でしょうか。突然消えたり、暴走したりしないでしょうか。太陽はうまくできています。核融合反応は高温では激しく、低温では穏やかになります。例えば、核融合反応が突然穏やかに、あるいは消えてしまったとしましょう。そうすると、中心核には熱がなくなるので収縮して温度が上がります。その結果、核融合反応が激しくなって熱を出して元に戻ります。一方、核融合反応が仮に激しくなってしまうと熱が多く供給されるので、中心核は膨張して、温度が下がり、その結果、核融合反応は抑制されて、元に戻ります。したがって、太陽は、今の質量で決まるちょうど良い反応速度で安定に核融合反応を続けてくれます。やがて中心核での水素がなくなってしまうと、水素の核融合反応でできたヘリウムがさらに核融合反応をおこし、赤色巨星へ進化します。最後は、核融合反応ができない白色矮星となり、星の一生を終了します（図1-13）。しかし、あと数十億年は、ほぼ今のまま輝き続けます。

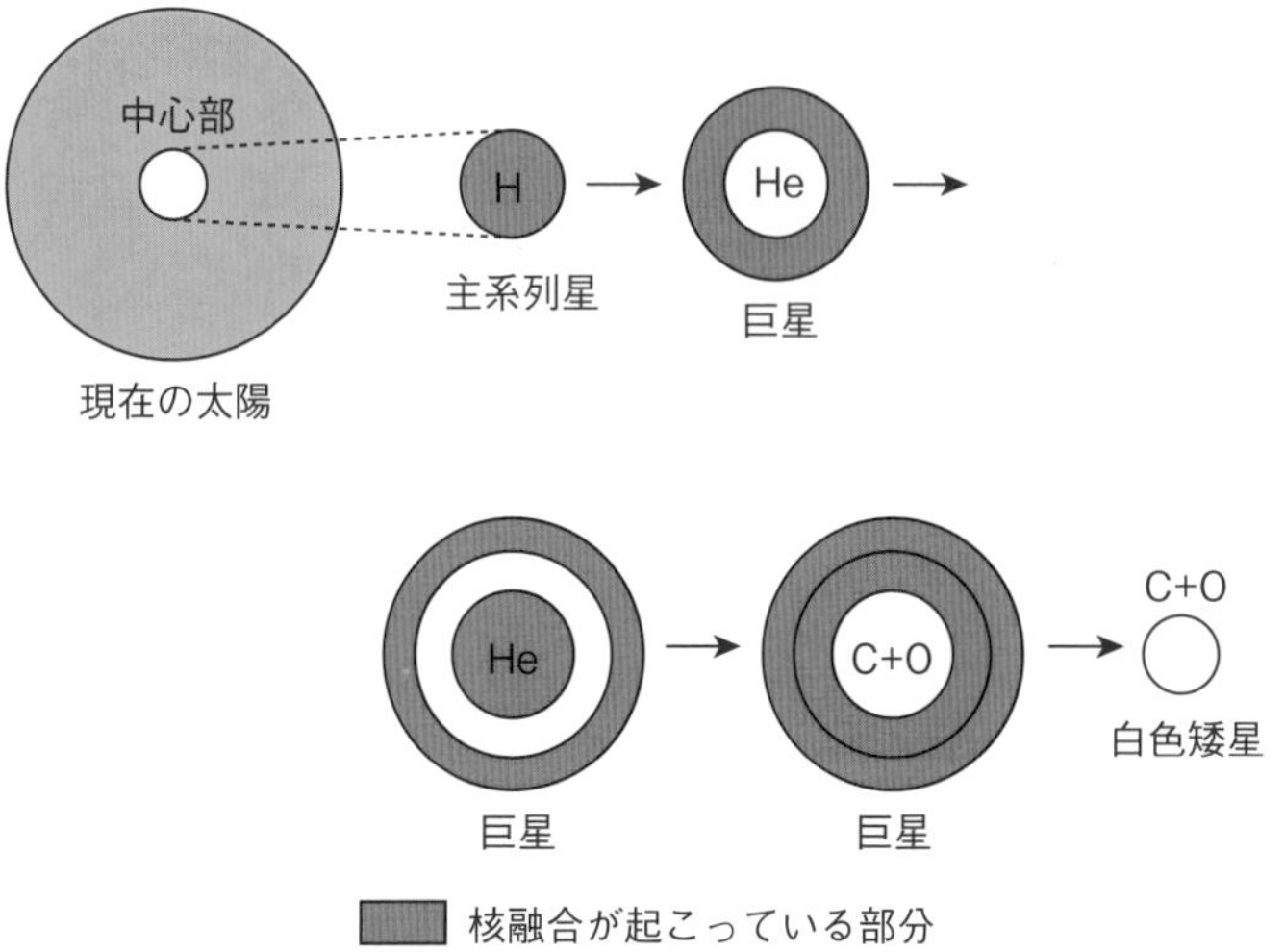

図1-13　太陽の進化

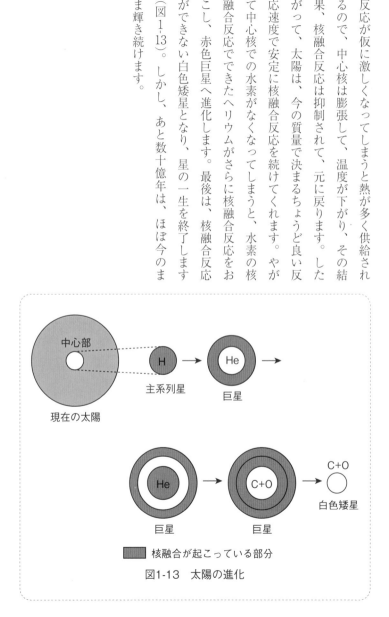

Q14　惑星とは何ですか？　冥王星は惑星ではないのですか？

冥王星は第9番目の惑星として1930年に発見されましたが、その後、2006年にチェコで開かれた国際天文学連合の総会で惑星の定義が変更されました。新しい定義では、「太陽の周りを回り、十分大きな質量をもつので、自己重力が固体に働く他の種々の力を上回って重力平衡形状（ほとんど球状の形）を有し、自分の軌道の周囲から他の天体をきれいになくしてしまった天体」とされており、太陽系では、水星、金星、地球、火星、木星、土星、天王星、海王星の8個があてはまります（図1-14）。一方、冥王星はあてはまりません。なぜこのような定義になったのでしょうか。

冥王星が発見されてからしばらく経ち、1990年代に入ってから海王星の外側にさらに天体が複数見つかるようになりました。その中には、冥王星より大きな天体もありました。元々、冥王星は、軌道が大きく傾いていることや、次に小さい水星のさらに半分程度しかない、という点で他の惑星とは異なることが分かっていました。そこでこの冥王星は、海王星より遠方で見つかり始めた複数の天体群の1つではないか、と考えられるようになりました。

新しい定義では、冥王星やその他の太陽系外縁部の天体は、準惑星とよばれるようになりました。この定義変更により、太陽系の惑星の数は8個であり、今後増える可能性はほとんど無いと考えられますが、準惑星はこれからも発見されると考えられています。

一方で、１９９５年には太陽系外にある惑星が初めて発見されました。その後、発見数は増え続けており、現在その数は４０００個を超えています。新しい定義により太陽系内の惑星の数は増えないことになりましたが、太陽系外にある惑星の数は今後も増え続けることでしょう。

すでに太陽系と同じように複数の惑星を持つ星系も見つかっていますが、太陽系と全く同じような惑星系はまだ見つかっておらず、銀河系の中でも惑星系は様々であることが分かっています。また、太陽系とは異なり、できたての若い惑星系もありそうです。様々な惑星系を調べることで、太陽系がどのようにできたのかが解明されることになるでしょう。

図1-14　太陽系の天体

Q15　太陽系の大きさはどれぐらい？

地球の直径は約1万3千kmです。地球から月の距離は、地球の直径の約30倍となります。これに対し、地球と太陽の距離は1億五千万kmと、ずっと遠くなっています。太陽系の大きさを表す際には、単位にkmを使うと数字が大きくなりすぎるため、「天文単位」という単位がよく使われます。1天文単位が地球と太陽の距離になります。図1-15に、それぞれの惑星の太陽からの距離を示します。水星から火星の4つの惑星は1・5天文単位程度以内にありますが、それより外側の4つの惑星はそれぞれが遠く離れていることが分かります。これらの惑星を含め、太陽系内にある多くの天体は、太陽の周りを回る軌道面がおよそ一致しており、また多くの天体が同じ向きに公転しています。太陽から1番遠い海王星までの距離が30天文単位となっていますので、この距離が惑星のある領域の大きさ、ということになります。

このさらに外側には、30〜50天文単位のところに、複数の準惑星が見つかっており、この領域は発見者の名をとって、「エッジワース・カイパーベルト」とよばれています。短周期の彗星がこの領域から来ていると考えられています。さらにその外側には、長周期の彗星の起源である「オールトの雲」があると考えられていて、この距離は数万天文単位となります。この距離にある物体は太陽系として銀河系の中を太陽と一緒に移動しています。太陽系の端というのは定義されていませんが、10万天文単位程度までと考えるのが最も大きい場合の解釈です。

現在、最も遠方に到達している探査機は１９７７年に打ち上げられたボイジャー１号です。現時点で１５０天文単位のところまで来ており、さらに遠ざかっています。10万天文単位の距離に到達するには、３万年程度はかかりそうですが、探査機の原子力電池の出力が低下しており、２０２５年頃以降は、機能を停止したまま宇宙空間を飛び続けることになります。

天体名	平均太陽距離（天文単位）
水星	0.39
金星	0.72
地球	1
火星	1.52
木星	5.2
土星	9.6
天王星	19
海王星	30

図1-15　太陽系惑星の太陽からの距離

Q16　他の惑星でも山の気温は低い？

地球では、高い山に登ると気温が下がっていきます。大気は透明であり太陽の光はほとんど吸収されず、直接地面を温めます。そして温められた地面から大気に熱が伝わるため、地表の大気の温度は地面の温度と同程度になります。上空は地表から遠く、この熱が伝わりにくいために、高度が上がるにしたがって温度が低くなっていきます。山の上でも地面は同じくらいの太陽の熱を受け取っていますが、山の周りの同じ高さの空気が冷たく、そこに熱が奪われてしまうために温度が上がらない、ということが起きています。

金星や火星ではどうでしょうか。金星には高さ11㎞のマクスウェル山があり、火星には高さ27㎞のオリンポス山があります（図1-16）。地球のエベレスト山は9㎞ですが、平均的な海底面から計測すると12～13㎞ということになります。金星表面の平均気温は400度、火星はマイナス40度と、地球とは大きく異なる環境にありますが、10～20㎞程度までの山の上までであれば、どの惑星でも大気の温度は高度が上がるにつれて下がっていくことが分かっています。

しかし、上空100㎞程度を越えたあたりから、大きく異なってきます。地球では太陽の紫外線のうち、波長の短い方の紫外線は上空100㎞程度までの大気に吸収され、そのエネルギーが大気の熱に変わります（この紫外線は上空で吸収されるため地表には届きません）。そのため上空の温度は地表より上がり、この領域が熱圏とよばれています。一方で、金星や火星では熱圏にあたる領域の気温は地球ほど高くありません。これは金星や火星の大気が二酸化炭素でできているためです。二酸化炭素は大気を冷やしてその分の熱を放射する性質があります。これが地表を温めるため温室効果ガスとよばれます。地球の大気には二酸化炭素が少ないため熱圏が高温になっています。

水星や月のように大気を持たない天体の場合はどうでしょうか。

日の出を迎えて太陽光が地表に当たると、地表温度は急激に上昇し、日没後は急激に下がります。この現象は山の上でも低地でも起きるのですが、低地で影になりやすいようなところは平均温度が低くなります。

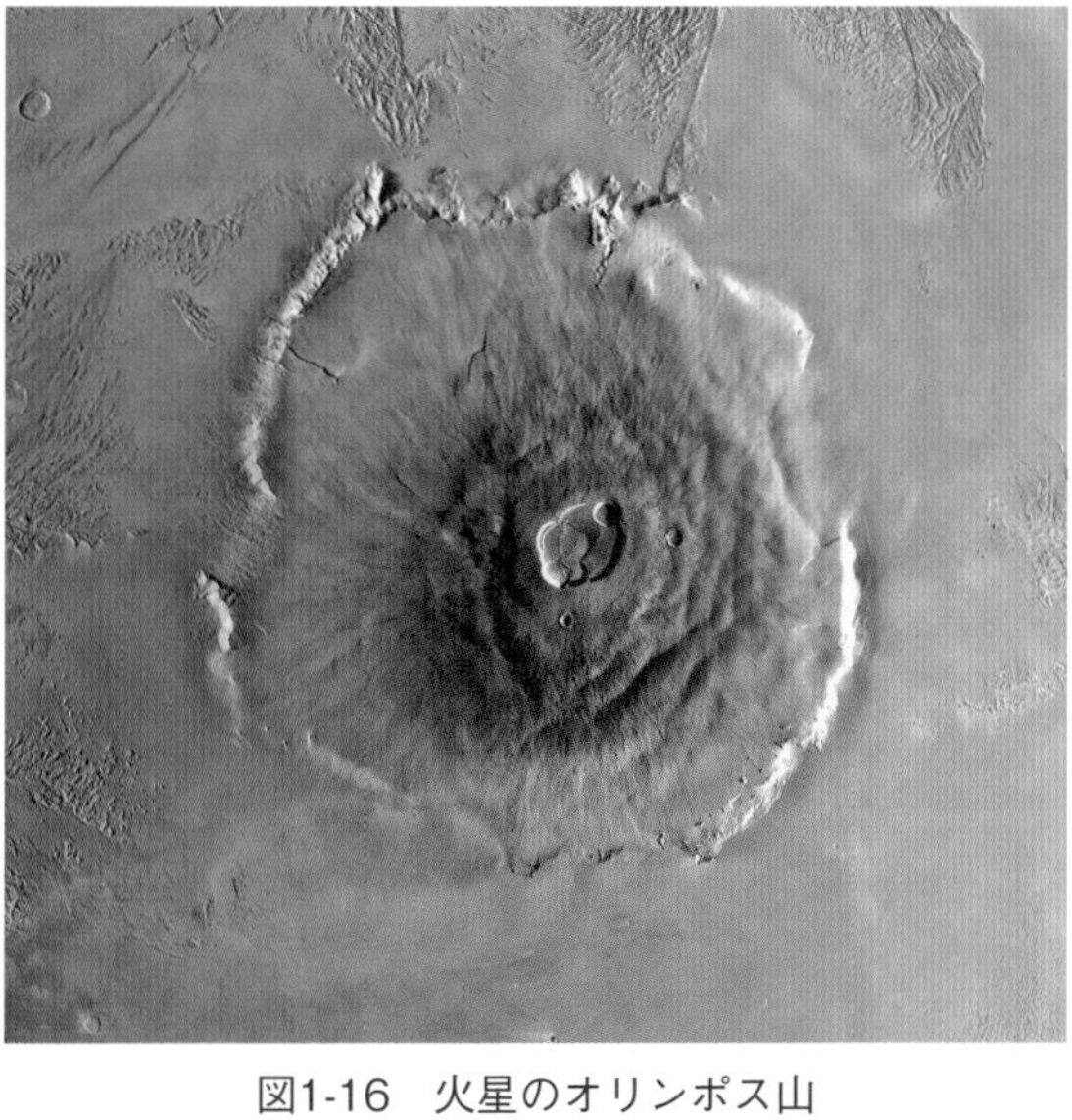

図1-16　火星のオリンポス山

Q17　土星の環は何でできているの？

太陽系の惑星の中でも、はっきりと見える環をもつ土星（図1-17）は特徴的です。この環は一体どんなものなのでしょうか。土星の大きさは地球の9倍程度であり、環の内側は地球の10倍、外側は地球の約20倍程度まで広がっています。さらに薄いリングはより遠くまで広がっています。これだけの広がりに対して、環の厚さは1km以下であり、非常に薄い円盤であることが分かっています。比率を合わせると、コピー用紙でできた直径25mの円盤に相当します。

この薄い環は数cmから数mの小さい塊が集まって構成されており、その成分のほとんどは水でできた氷です。土星は太陽からの距離が15億kmであり、太陽から地球の距離の10倍です。したがって、太陽から届く光のエネルギーは100分の1になります。これだけ太陽の光が弱いため、土星の輪の温度はとても低く、マイナス200度からマイナス160度程度となっています。そのため、水が氷の状態となって長期間維持されることになります。

この環はどうやってできたのでしょうか。これは地球の月がどうやってできたかに比べるとより未解明なのですが、やはり衝突が起きてその時に破壊されて放出された物体が環を作ったと考えられています。土星は30個以上の月をもっており、ほとんどが氷でできています。過去にこれらの月同士が衝突して、その結果、環ができた、という考え方が有力です。最近の研究ではこの環は土星ができたころではなく、最近（といっても

1億年前）になってからできたという説もあるようです。まだ研究が続けられている状況です。

図1-17　土星探査機「カッシーニ」によって撮影された土星

Q18 小惑星とは何ですか？

小惑星とは太陽の周りを公転する天体の中で、大きさが数十㎞程度までのものとされています。それより大きな天体は準惑星、さらに大きい天体が惑星とよばれています。これまでに見つかっている小惑星の数は40万個を超えており、その大半は火星と木星の間にある小惑星帯にありますが、地球の近くにも存在しています。太陽と惑星の距離には規則性があり、単純な数式で表せるというティティウス・ボーデの法則は、水星から天王星までの惑星にうまく当てはまります。しかし、この法則が正しければ火星と木星の間にも惑星があるはずですが、この法則が提唱された時には見つかっていませんでした。その後に観測が進められ、この位置にケレスとよばれる天体が見つかりました。このケレスは惑星とよぶには小さいものでした。その後引き続いてより小さな天体が火星と木星の間に発見され、さらに多数の小惑星が見つかったことから、この領域には大きな惑星はなく、多数の小惑星が存在していると考えられるようになり、この領域は小惑星帯とよばれるようになりました。

この小惑星帯はどのようにしてできたのでしょうか。惑星程度の大きな天体ができてから、衝突によって破壊された跡の破片が残った、という説もありますが、現在では、惑星の素になる微惑星が形成されるような初期段階で、近くにいる木星の重力によって軌道が変えられ衝突が起きてしまい、大きな天体にまで成長できなかったという説もあります。小惑星は球形ではなく、いびつな形をしたものが多く、これも衝突によって生じた破片であるということを支持するかもしれません。しかし、現時点でも小惑星帯の形成についてはまだ議論が続けられています。

はやぶさ、はやぶさ２が調査を行った小惑星イトカワ、リュウグウ（図1-18）は、小惑星帯ではなく地球に近い小惑星ですが、リュウグウは元々小惑星帯にいた天体が起源と考えられています。リュウグウで採取した表面試料が２０２０年12月に地球に届けられました。それを分析することによって小惑星の起源が明らかになると期待されます。

図1-18　はやぶさ２が撮影した小惑星「リュウグウ」
提供：JAXA、東京大、高知大、立教大、名古屋大、千葉工大、明治大、会津大、産総研

Q19　隕石や流星はどこから来る？

流星は、1㎜以下から数㎝程度までの小さい天体が、地球大気に突入することによって生じる発光現象です（図1-19）。一方、隕石は地球大気に突入した大きめの小天体が地表まで到達したものです。つまり、隕石は大きな流星みたいなものの一部ということになります。それでは、流星と隕石は同じところから来ている、といえるかというと、実際にはもう少しだけ複雑です。

流星の大半は彗星が放出した塵のような物体であると考えられています。彗星は太陽系の外縁部から地球近くに到達したものとなりますので、多くの流星の起源は太陽系の外側と考えられます。一方、この彗星の塵はすべて地球大気中で燃え尽きてしまい、これまでに隕石として発見されたことはありません。隕石として見つかっているものの大半は小惑星の破片であり、多くは火星と木星の間にある小惑星帯から来たものであると考えられています。したがって、流星の大半は太陽系の外縁部から来た彗星が起源であり、隕石の大半は小惑星帯が起源であるということになります。

その新たな証拠を得たのが、小惑星探査機「はやぶさ」です。はやぶさは小惑星イトカワの物質を地球に持ち帰りました。今までは、小惑星の見かけの色（反射スペクトル）と、隕石の色を比較して似た特徴が見られることから、隕石の起源が小惑星であると推定されていましたが、はやぶさによって、見かけの色だけでなく小惑星の物質が、隕石に含まれる物質と似ていることが確認されたのです。

そして、はやぶさ2は有機物や水分を含む隕石と見かけの色が似ている小惑星リュウグウの物質を採取し、地球にその物質を持ち帰りました。この試料は、地球形成初期に隕石がもたらした有機物や水分と同様のものが含まれていることが期待されています。

この物質に対して実験室で精密な分析を行い、これらの物質が太陽系のどの位置で、いつ頃できたのかが分かります。これにより地球そして太陽系形成の謎に迫ります。

図1-19　しし座流星群

エピソード～古代ギリシャ時代に、地球の半径を測定した人～

古代の宇宙観は地域によりいろいろですが、私たちの住んでいる大地が、地球という丸い球体ではなく、平たいと考えている場合が多いです。普通に考えて、球体の上に私たちが住んでいるとは、ちょっと考え難いですよね。でも、ギリシャ時代には地球が丸いと考えて地球の半径まで推定した人がいました。エラトステネス（紀元前275～194）という学者です。

エラトステネスは、シエネという町では夏至の日に太陽が真上にくるということを知っていました。井戸の中を覗くと正午には井戸に影ができないのだそうです。一方、アレクサンドリアという町では夏至の日は、太陽は天頂（真上）から7・2度南で南中する事も知っていたそうです。そして、シエネとアレクサンドリアの距離は925kmです。同じ夏至の日でも、町によって太陽の方向が違うということです。言い換えると、夏至の日の正午に真上と思っている方向が、シエネでは太陽の方向なのに、アレクサンドリアでは太陽の方向から7・2度傾いているということです。図1-20の左に示すように、もし地球が平面であったら、これで太陽の距離がわかってしまいます。シエネから太陽までの距離をaとするとtan（7・2度）＝925km／aという事ですので、シエネから太陽までの距離aは7322kmということになります。しかし、エラトステネスはそうは考えませんでした。何故か、地球が丸くて太陽はうんと遠くにあると考えたのです。そうすると、図1-20の右に示すように、太陽の方向が変わって見えるのは地球の表面の傾きということになります。地球の半径をr

とすると、r×tan（7・2度）＝925kmと考えたのです。これより地球の半径はおよそ7322kmと求めました。実は、シエネとアレクサンドリアでは、太陽が南中する時刻も違っています。すなわち、地球の経度が違っているということですね。経度はおよそ3度違ってます。この経度の違いまで考慮すると、地球の半径は6937kmと計算できます。地球の半径は6371kmですので、かなり近い値が計算できます。

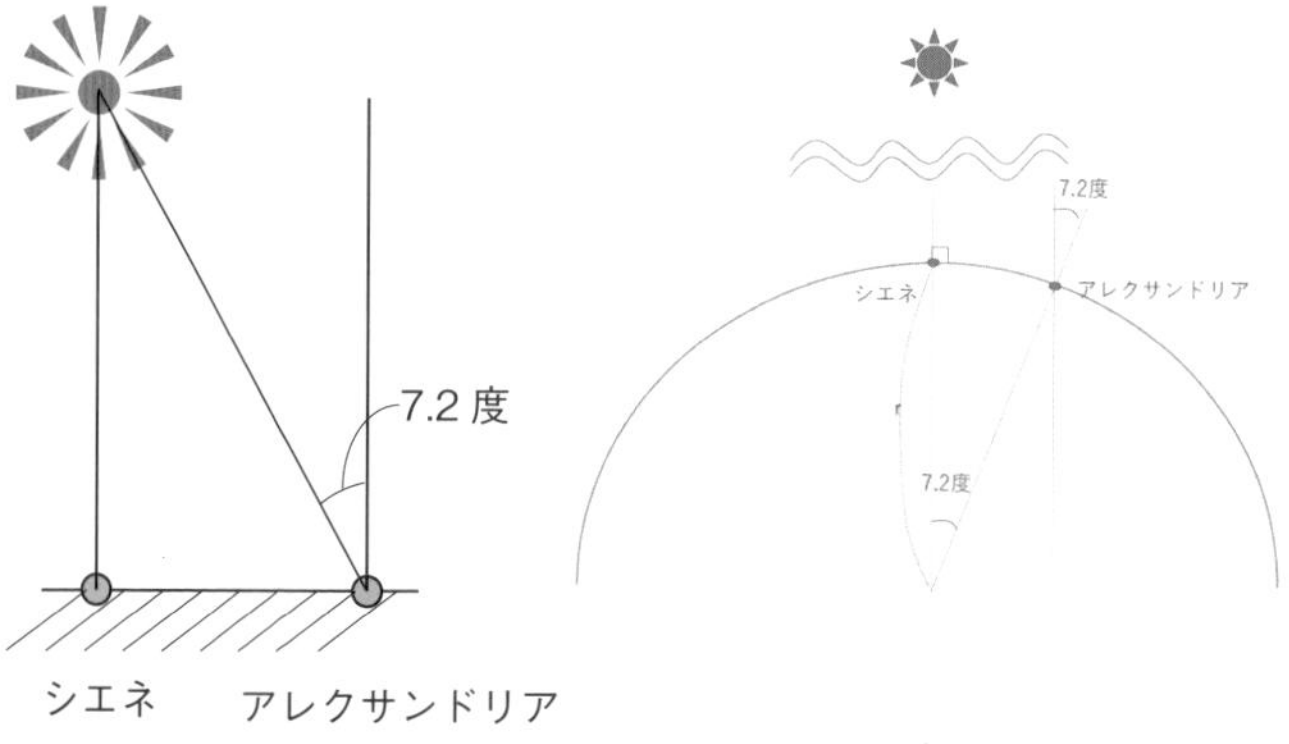

図1-20　地球の半径の測定

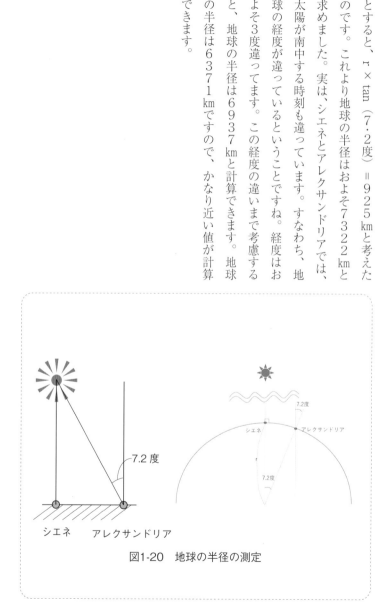

エピソード～古代ギリシャ時代に地動説を唱えた人～

実は、エラトステネスが地球の半径を求めたころより前に、ギリシャには太陽の距離が月の距離よりうんと遠いと考えた学者もいました。アリスタルコス（紀元前３１０～２３０ごろ）という学者です。アリスタルコスは、月が正確に半月に見える時の太陽と月のなす角を測りました。上弦の月だと、夕方太陽は西に、月は南に見えるので、月と太陽のなす角を測ることができるのです。下弦の月だと、朝太陽が東に、月は南に見えるので、下弦でも構いません。測定した角度は８６・９８３度だったそうです。図1-21の上に示すように、月がちょうど半月なので、太陽 - 月 - 観測者の角度は90度です。一方、月 - 観測者 - 太陽の角度が８６・９８３度です。

これで決まる直角三角形を書くと、

cos（86.983度）＝（月－観測者の距離）／（太陽－観測者の距離）～0.0526～1/19ですから、太陽は月よりおよそ19倍遠いことになります。（実際は３９０倍遠いのです。３９０倍遠いとして、測定されるべき角度は８９・８５度です。測定が難しかったのでしょうね）。

アリスタルコスはさらに考えました。日食の時確認できるように、月と太陽は見かけの大きさがほとんど同じです。一方、月食の時は、図1-21の下に示すように月は地球の影の中に入ります。月は地球の影の３分の1程度であることがわかります。だから月は地球の３分の1程度の大きさに違いありません（実際は約３・７分の1です）。そして、「19倍も遠くにあるはずの太陽が地球の３分の1程度の大きさの月と同じくらいの大きさに見えるのだから、太陽は月より、また、地球よりうんと大きくなければいけない。したがって太陽が地球の周りを回っているという考え（天動説）はおかしい。地球が太陽の周りを回っている（地動説）と考えるべきだ」というわけです。年代を見ると、アリスタルコスがエラトステネスより35歳年上だから、エラトステネスはアリスタルコスが考えていた地動説を信じていたのでしょう。

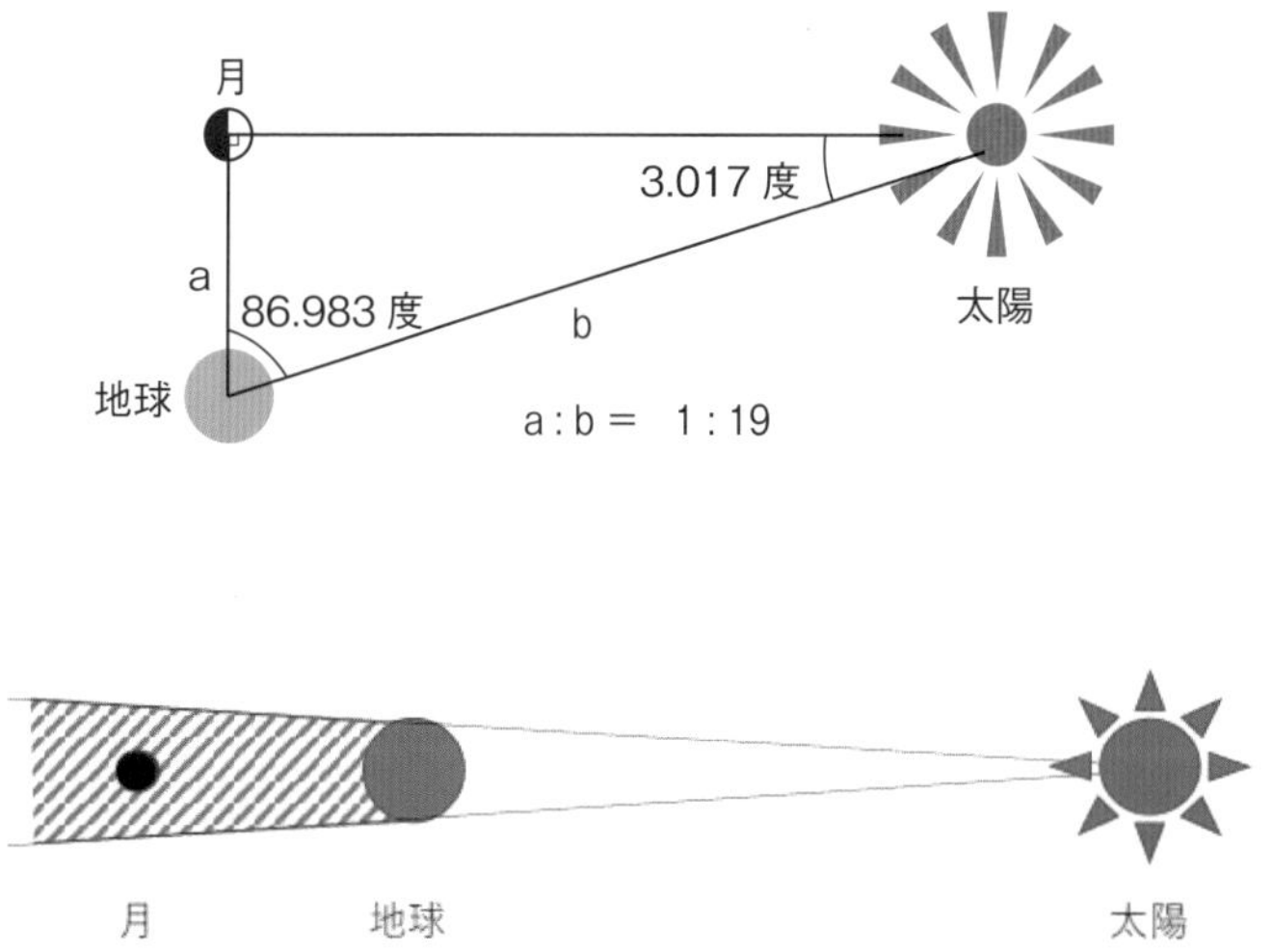

図1-21　太陽、月、地球の位置関係

第2章　星

Q1　星というのは何ですか？

夜空には色々な星が輝いています。でも、どれも同じというわけではありません。特殊な星を除けば、火星や金星、木星や土星のような惑星、月のような衛星と、太陽のような恒星とよばれる星があります。

月は、皆さん知っているように、三日月になったり、半月になったり、満月になったりします。月は地球の周りを回る地球の衛星とよばれる天体で、ほぼ球形の岩石でできています。自分では光っていなくて、太陽に照らされているところだけが、太陽の光を反射・散乱して光っています。

惑星は、月や地球と同じように岩石でできている金星や火星等と、主にガスでできている木星や土星があります。どれも月と同じように、自分では輝いておらず、太陽に照らされて太陽の光を反射・散乱しているだけです。また、惑星は地球と同じように太陽の周りを回転（公転）しています。そのため、地球と太陽と惑星の位置関係は時期により変化します。その結果、惑星は太陽に対していろいろな方向に見えることになります。

一方、月や惑星以外の多くの星々（恒星）は、昔からほぼ同じ方向に見えています。昔の人は、星々の位置関係から人や動物や道具の形を連想して星座を考え出しました。図2-1は、冬の星座、オリオン座付近の星空の写真です。これらの星々は惑星と比べて、私たちからは非常に遠くにある、太陽と同じように輝いている天体です。惑星と同じくらい、あるいは、惑星より暗く見えるのは、遠くにあるからです。もし、近くへ行って見ることができれば、太陽のように明るいのです。また、それぞれの星は、実はそれぞれ動いているのですが、非常に遠くにあるので、少しくらい動いても、私たちから見ていると、ほとんど移動しているようには見えず、長い間いつも同じ方向に見えてお互いの位置関係を保っているように見えます。

では、太陽のような恒星というのは、どんなものでしょうか。実はガスの塊です。多くの星では、ほとんど水素でできたガスです。ヘリウムもある程度含まれており、さらにもっと違う種類の元素も少し入っています。ガスが集まって宇宙空間にぽっかり浮いているような存在です。

図2-1　オリオン座
提供：国立天文台

Q2 季節によって見える星が変わるのはなぜですか？

恒星とよばれる自分で輝いている太陽のような星は、地球から見て方向がほとんど変わりません。星座を思い出してください。夏の星座ははくちょう座、わし座、こと座が有名です。秋になると、アンドロメダ座やペガスス座が見えます。冬はオリオン座、春はおとめ座やしし座が有名ですね。

恒星はほとんど動かないのに、季節によって見える星座が違っているのは、どうしてでしょう。もう少し考えてみると、季節によって星座の見え方が変わりますが、その形は変わりません。また、1年がたつと、1年前と同じように星座が見えます。実は秋の星座というのは、秋の夜9時とか10時ごろに見える星座ということです。夏の星座は夏の夜9時から10時ごろに見える星座ですが、時間が経過して真夜中に近づくと、秋の星座が東から登り出し、真夜中には見ごろになります。さらに明け方には冬の星座たちが東の空から登り出します。地球から見える時刻が変わってしまったのですね。ある決まった星を詳しく観察すると、地球から見て同じ方向に見える時間が毎日約4分早くなってきます。だから、星座をつくる恒星たちが動いたというより、地球は1日にほぼ1回転するのだけれど、実は23時間56分で1回転すると考えた方が良いのです。

では、1日というのはなんでしたっけ。1日というのは、地球から見て、太陽が地球の周りを1周する時間です。ところが、地球は太陽に対しては1周するけど、恒星に対してはおよそ23時間56分で1周していることになります。1日およそ4分ずつのズレが、1年の365日蓄積すると、1440分、すなわち24時間分変わってしまいます。あたかも、太陽が恒星たちの間を1年かけて1周回るように見えているのです。逆に地球が太陽の周りを1年かけて1周回っていると考えても良いですね。すなわち、地球が太陽の周りを1年かけて1周していると考えるとうまく説明できます。図2-2のように1日で地球が太陽の周りを少し回るので、恒星に対して1周しても、太陽は元の方向にはならず、1周の365分の1だけ方向がズレてしまったので、およそ4分（すなわち24時間の365分の1）だけ、遅れて、太陽は元の方向に見えるのです。

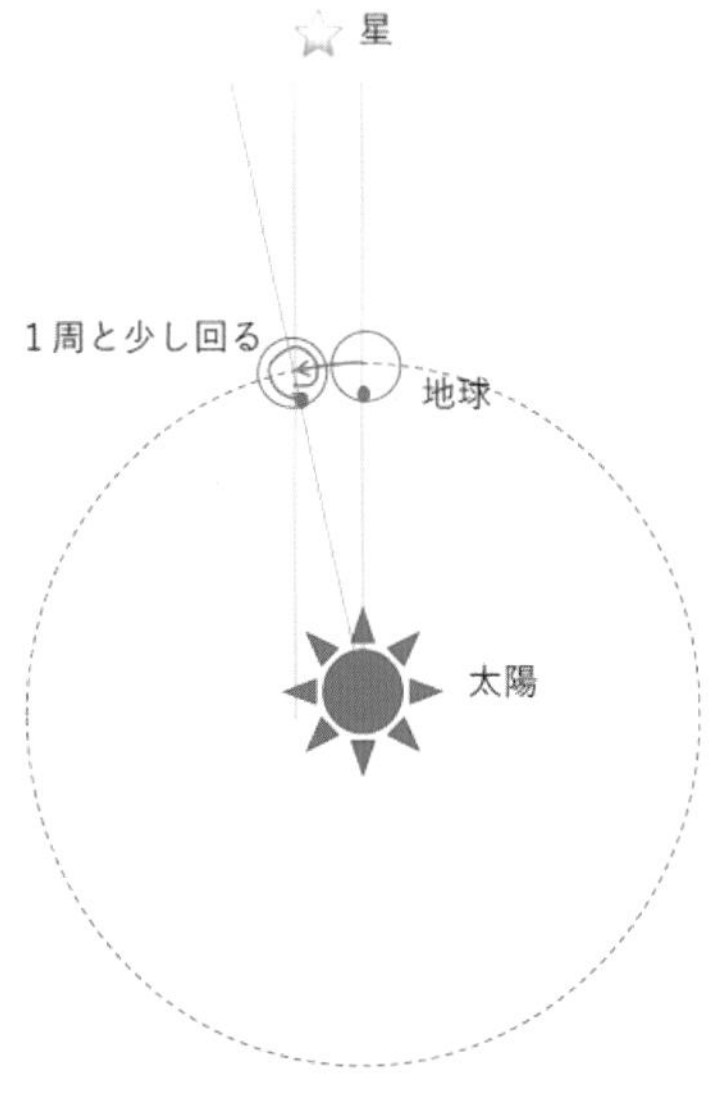

図2-2　太陽の周りを公転する地球

Q3　北極星はどれくらい遠くにあるの？

恒星は非常に遠くにあるため、本当は太陽のように明るいけれど、夜空の星としてささやかに輝いて見えています。では、どれくらい遠くにあるのでしょうか。

皆さんは北極星を見たことがありますか。昔は、山の旅や海の航海では迷わないように星を見て方角を知ったのですが、その時、いつも北の方向に見える北極星が頼りになるのです。でも、北極星は2等星で特に明るい星ではありません。距離は433光年です。1光年とは光が1年の間に進む距離ですから、私たちが見ている北極星からの光は、北極星を433年前に出発した光です。光は1秒間におよそ3億m進みます。1年はおよそ3千万秒ですから、3億mの3千万倍の433倍の距離にあるということです。

さて、太陽をのぞいて1番近い恒星は、ケンタウルス座のアルファ星です。私たちから4・3光年離れたところにあります。4・3光年ですから、光の速度で4・3年かかる距離ということです。太陽までは光の速度でおよそ500秒ですから、太陽に比べておよそ27万倍の距離ということになります。北極星はケンタウルス座アルファ星のおよそ100倍の距離にあります。

みなさんは天の川を見たことがあるでしょうか。天の川はボヤッと光る雲のように見えます。これはたくさんの星が密集しているからです。私たちは、銀河系とよばれる巨大な星やガスなどの集まりの中の、比較的端の方に位置する太陽系の中の地球に住んでいます。また、銀河系は比較的平たい形をしているので、私たちが、この銀河系の平たい面に沿った方向を見ると、たくさんの星が天の川として見えるのです（図2-3）。この銀河系の中心までの距離はおよそ2万5千光年です。銀河系そのものは半径4万から5万光年ですから、私たちから見ると、銀河系の中心を超えた向こう側の端、およそ7万光年の間に多くの星が存在しているわけです。私たちの銀河系から外に出ると、星はほとんど無くなりますが、私たちの銀河系と同じような星やガスなどの集まりである銀河が点在しています。これら銀河の中の星は私たちの銀河系内の星々よりもっと遠くにあるというわけです。

図2-3　天の川（銀河系の中心方向）
提供：福島英雄

Q4 星の距離はどうやってはかりますか?

恒星は非常に遠くて、いろいろな距離にあります。光の速さでも、何年も何百年も、もっとかかる距離にある星もあります。さて、そんな遠くの星の距離はどうしたら測ることができるのでしょうか。

実は、星の距離を測定することは大変難しい研究です。地球は太陽の周りを1年かけて1周します。月夜に散歩すると、月がついて来るように感じた経験はありませんか。電車から外の景色をながめたら、近くの景色はどんどん後ろ方向に流れていくのに、遠くの景色はゆっくりとしか流れていきません。同じように、私たちが月夜の夜道を歩いても、遠くの月の方向はほとんど変化しないので、月は私たちについて来るように感じるのです。

同じように地球が太陽の周りをぐるぐる回ると、遠くの星はほとんど方向が変わらないけれど、比較的近い星は地球の動きにあわせて、見える方向が変わります(図2-4)。1年間、星の方向を精密に測定すると、近くの星は遠くの星に比べて1周ぐるりと回転しているように見えるのです。地球が太陽の周りを回る半径は分かっているので、この星の回転する大きさを調べることで、星までの距離を知ることができます。三角測量の原理です。この方法で比較的近い星の距離が測定されています。

一方、遠くの星は変化が小さくて測定するのが困難です。そこで、距離の分かった星の性質、例えば、ある種類の周期的に明るさが変わる星では、周期が分かれば、本当の明るさ(ある決まった距離にあれば、どれくらいの明るさに見えるか）を知ることができます。そうすると、見えている明るさを観測すれば、どれくらいの距離にあるか計算できるというわけです。その他にも、いろいろな方法で星の距離の測定が行われています。

三角測量の方法は大変分かりやすく、間違いのない方法です。星の方向を測定する精度をどんどんあげると、遠くの星まで三角測量で距離を求めることができます。三角測量で星の距離を測定することを目的として、２０１３年12月19日に欧州宇宙機関（ＥＳＡ）から、ガイア衛星が打ち上げられました、ガイア衛星は、今もたくさんの星々の距離や、また、星々の微小な動きを観測し続けています。

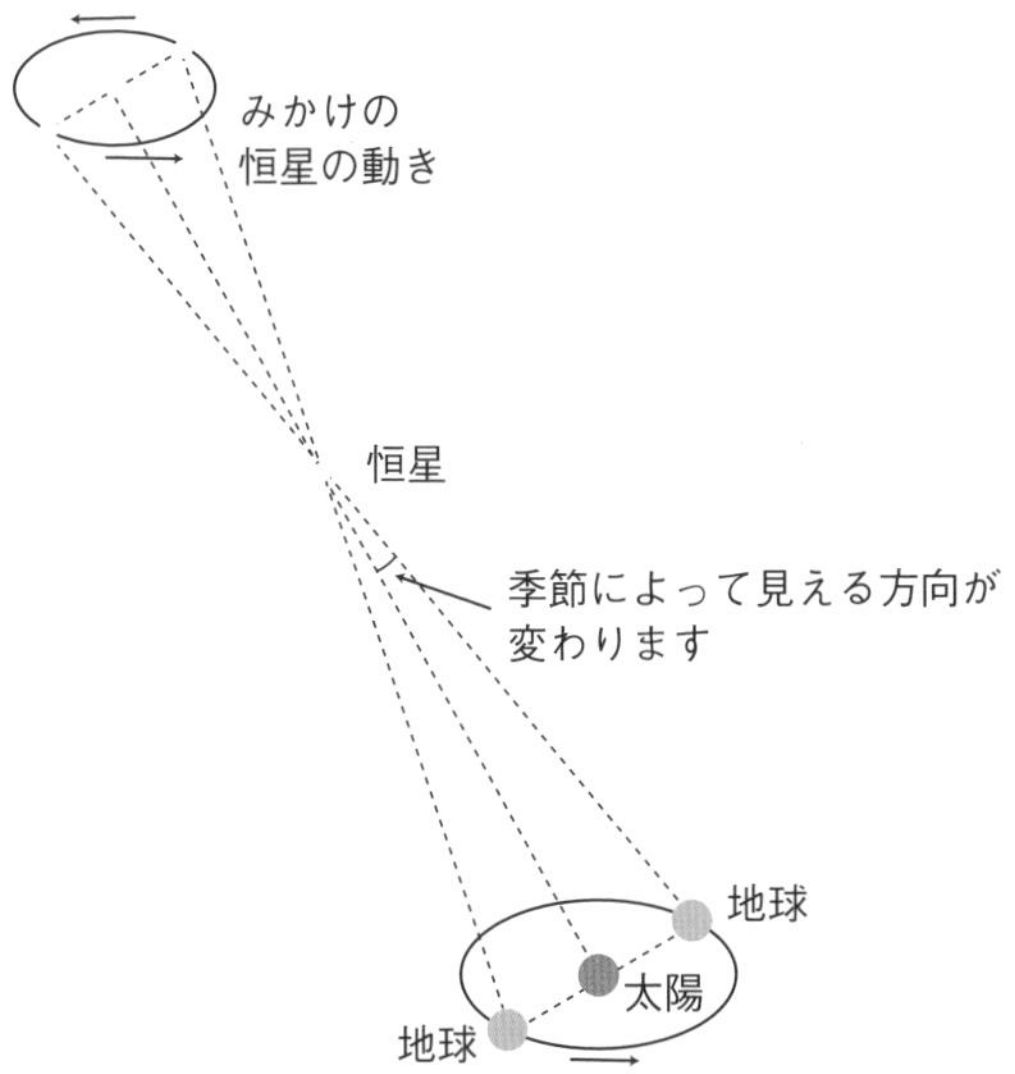

図2-4　地球の公転を利用した三角測量

Q5　星はどうして自分で光るのですか？（1）

恒星と惑星の違いは、恒星は自分で光っているけれど、惑星は自分では光らず、太陽等の光を反射や散乱しているだけ、ということでした。では、恒星はどうして自分で光ることができるのでしょうか。

皆さんは万有引力という言葉を聞いたことがあるでしょうか。17世紀にニュートンがりんごが木から落ちるのを見て発見した、と言われている、万有引力です。その名の通り、すべての物質がお互いに引き付け合うという性質です。恒星は、主に水素のガスが集まって宇宙にぽっかり浮いているガスの塊のようなものでした。恒星であるガスの塊も、ガスに含まれる水素等の原子同士の万有引力により、お互いに引き付けあっています。そしてますます集まろうとする力が働いています。

まずは、恒星ではなく、希薄だけど周りよりは数密度が大きな原子や分子の雲があったとしましょう。雲の中にさらに周りより数密度の大きな部分があると、原子や分子は、お互いに引っ張り合うのですから、その部分はより収縮し、原子や分子の数密度がより高くなり、温度も上がります。温度が上がりすぎると、原子や分子が飛散しようとする運動のために、さらに収縮することができなくなるのですが、分子等が光を出すことでエネルギーを減らしながら、さほど温度が上がらず、さらに収縮することが可能となります。

このようにして、数密度の大きな原子や分子の塊ができます。温度も収縮するにつれて、高くなっていきます。縮んでいる原子や分子の全質量が重いと、中心が高温、高密度になります。そうなると、ただ単に万有引力で引っ張り合うことで温度が上がるばかりではなく、実は、核融合反応という反応を起こして、さらに大きなエネルギーを出すことが可能となります。核融合反応で大きなエネルギーを出すようになれば、このエネルギーで原子や分子はさらに高温になることができるのです。そして、万有引力で縮もうとする働きと、核融合反応で生み出されたエネルギーで高温となり飛散してしまおうとする働きが釣り合います（図2-5）。また、核融合反応で生み出されたエネルギーは、原子でできたガスの塊の表面から、光として放出されます。ガスの塊は、中心付近で核融合反応を続け、生み出したエネルギーをガスの塊の表面から光として放射しながら、ガスの塊の温度を、万有引力で縮もうとする働きを止めるほどの高温に安定に保ちます。これが、恒星というわけです。

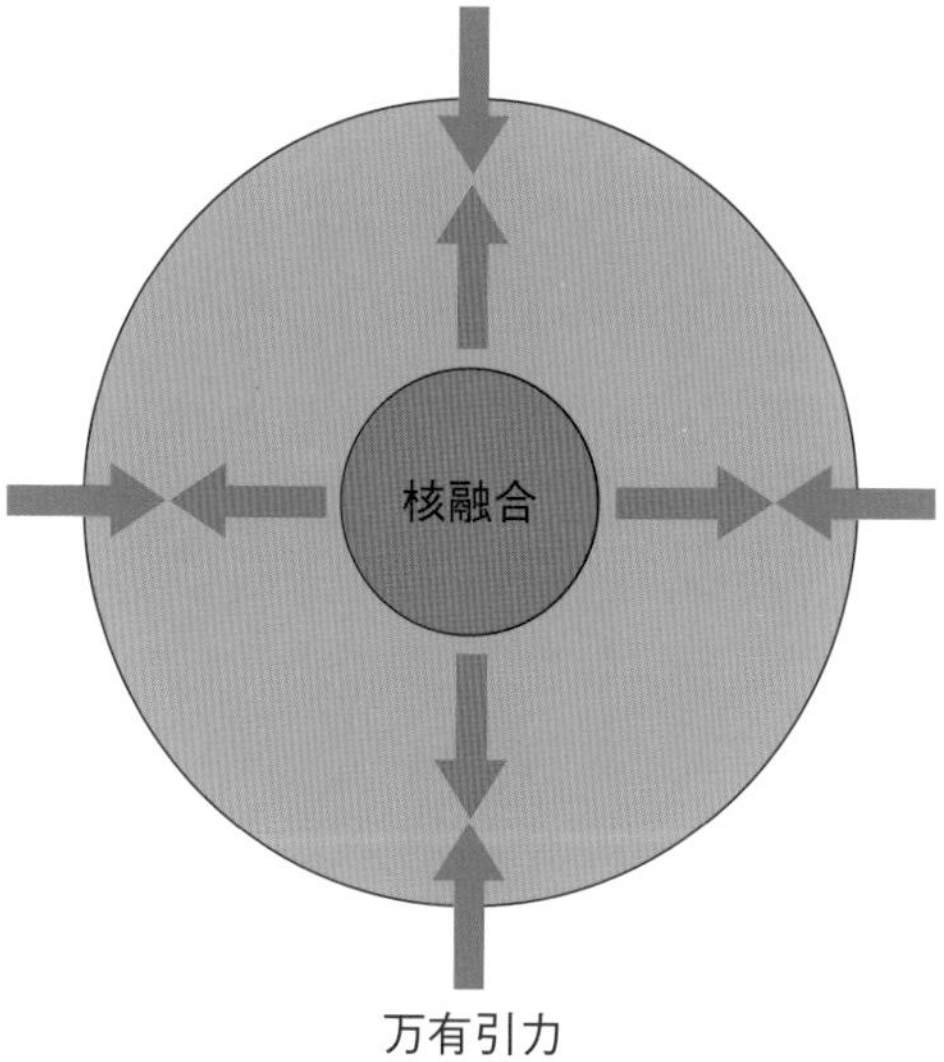

図2-5　万有引力を高温ガスが支える恒星

Q６　星はどうして自分で光るのですか？（２）

恒星は、核融合反応を起こしてエネルギーを生み出し、そのエネルギーで高温となり、万有引力で縮もうとする働きを止めて、一定の大きさを保ち、また、表面から生み出したエネルギーを光として放出しています。では、核融合反応とは何でしょうか。それを説明する前に原子の話をする必要があります。

私たちの周りには、様々な物質があります。物質の最小構成単位を分子とよび、分子は単一の原子、またはいくつかの原子がくっついた粒でできています。さらに、原子は、中心に原子核という質量の大部分をもつ、正の電荷をもった塊があり、その周りを負の電荷をもった電子が分布したものです。原子は性質の決まった種類（元素）に分類すると、いまのところ１１８種類しかありません。軽い元素から並べると、水素、ヘリウム、リチウム、ベリリウム…で、金や鉛、ウランというのも元素です。また、日本の研究者が新しい元素を発見して、２０１６年にニホニウム（Nh）という名前がつけられた事は覚えているでしょうか。

さて、例えば重い元素であるウラニウムの原子核をバラバラにして別の軽い元素に壊してしまうと、大きなエネルギーを取り出すことができます。核分裂反応とよびます。こうしてエネルギーを取り出して発電しているのが原子力発電所です。

軽い元素は、逆に原子核同士をくっつけて重い元素にすると、エネルギーが出てきます。これを核融合反応とよびます。原子核同士をくっつけるためには、大きな速度で衝突させることが必要であり、すなわち高温が必要です。また、衝突頻度を高くするには、高い密度が必要です。高温・高密度で初めて、核融合反応を実現させることができます。

さて、星の話に戻りましょう。宇宙のほとんどの物質は、水素原子でできています。恒星も大雑把にいうと水素の塊です。恒星の中心ではこの水素原子が高温・高密度で衝突しあっています。そして、水素の原子核同士が核融合反応を起こし（図2-6）、エネルギーが発生します。発生したエネルギーは恒星の表面まで届き、表面から光となって放出され、恒星は輝いているのです。

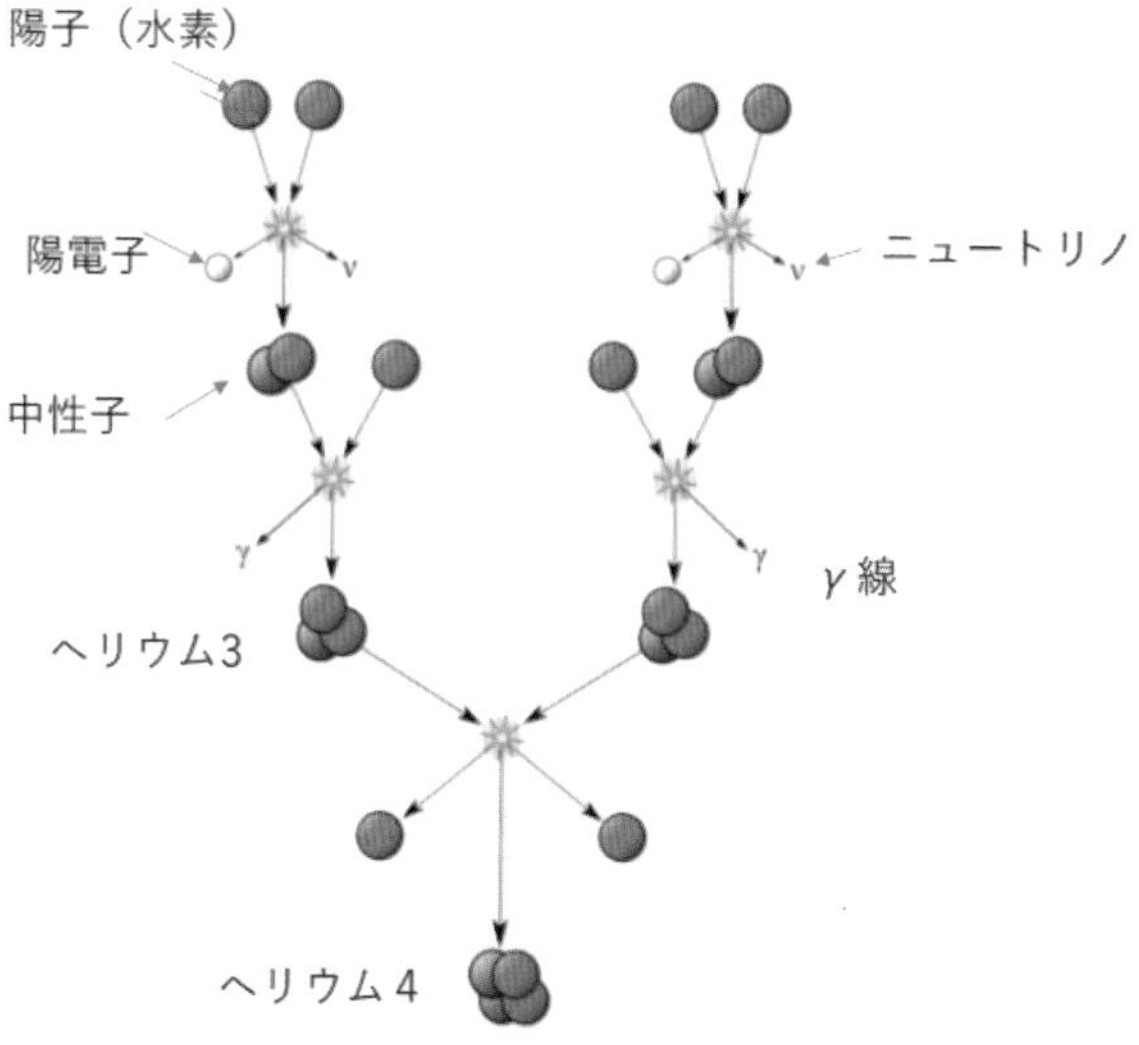

図2-6　核融合反応の例

Q7　星の明るさはどうやって決まりますか？

恒星は中心で核融合反応を起こすことで、エネルギーを生み出し、そのエネルギーを光として星表面から放射しています。では、星の明るさはどうやって決まるのでしょうか。

夜空にはたくさんの星、恒星を見ることができます。太陽も恒星です。明るい星、暗い星といろいろな明るさがあるので、星には1等星とか2等星とか6等星とか明るさに応じて等級が与えられています。1等星と6等星ではちょうど100倍の明るさの違いがあります。太陽はマイナス26・74等星で、他の星に比べるととてつもなく明るいのは、ご存知の通りです。

でも、太陽が明るい理由は近くにあるからです。遠くの星が暗く見えるのはあたり前ですね。2倍遠くなると明るさは4分の1になります。天文学では距離を表すとき、パーセクという単位を使うことがよくあります。1パーセクはおよそ3・26光年です。注目している星が、10パーセク、光年にするとおよそ32・6光年の距離にあったとした時に見える等級を、その星の絶対等級とよびます。星によっては、いろいろな絶対等級をもちます。太陽は4・83等です。距離による見え方の違いではなくて、仮に同じ距離にあったとしても、明るい星や暗い星があることが分かっています。

では、この違いはどうしてできるのでしょうか。星のエネルギーの源である核融合反応が毎秒どれくらい起こっていて、毎秒どれくらいのエネルギーが作られているのかによって決まります。核融合反応は、原子が高速でぶつかり、うまくぶつかって原子核同士くっつくことでエネルギーを出します。だから、高速、すなわち高温である方が、核融合反応が起こりやすく、また、原子の密度が高いと、衝突回数も多くなり、毎秒のエネルギー放出量は大きくなります。したがって、高温で高密度の場合はたくさんのエネルギーを出すのです。

恒星には様々な質量のものがあります。太陽に比べて、数分の1の質量のものから、100倍以上にも及ぶ質量をもつ星が知られています。当然、重い星の中心は、高温・高密度となって、核融合反応で毎秒作られるエネルギーが多くなります。そのエネルギーが星の表面から光として放射されるのですから、重い星は明るく、軽い星は暗いのです（図2-7）。

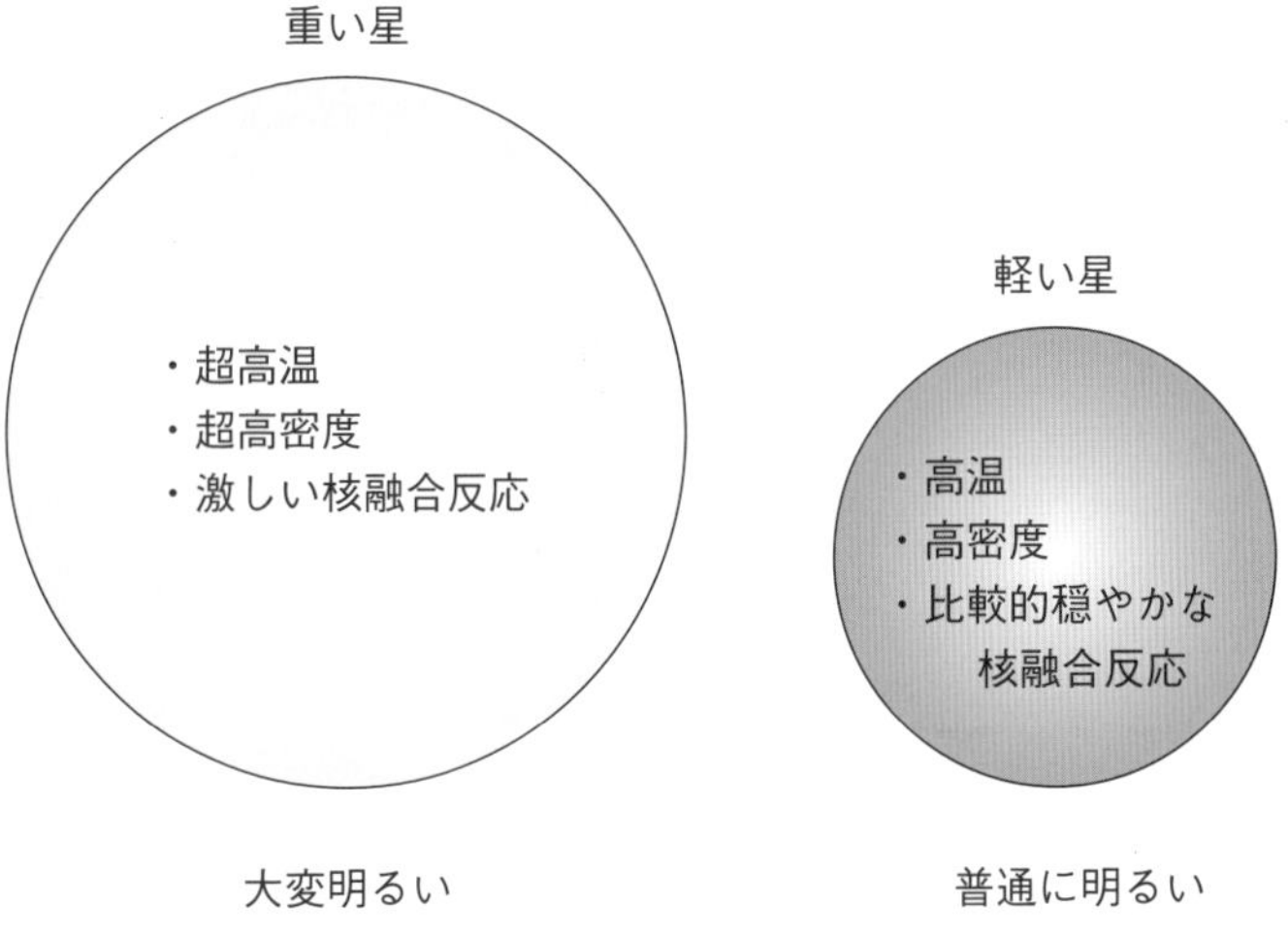

図2-7　重い星は軽い星より大変明るい

Q8 星の色はどうやって決まりますか？（1）

星には、様々な色があります。例えば、さそり座のアンタレスは赤い星として有名です。また、オリオン座の2個の1等星のうち、赤い星がベテルギュース、青い星がリゲルです。一般公開が行われている天文台では、大きな望遠鏡でよく2重星を見せてくれます。2重星というのは、ほぼ同じ方向にあって、望遠鏡で見ても2つの星が同時に見ることができる星です。2重星で有名なアンドロメダ座ガンマ星（図2-8）は、青白とオレンジ色の星、はくちょう座のアルビレオも青白い星とオレンジ色、そして、獅子座のガンマ星は、黄色の2つの星が並ぶ美しい2重星です。ではどうして、星は、赤や、青、黄色だったりするのでしょうか。

みなさんは炭火焼きのバーベキューをしたことがありますか。その時の炭を思い出してください。炭は火がついていない時は黒いですが、火が着けば赤くなり、さらに熱くなると、やがて橙色から黄色っぽく、そして明るく輝くようになります。この時、仮に、炭以外に鉄釘なんかが混ざっていたらどうでしょうか。鉄釘も炭も同じ色で同じような明るさで光り、区別がつきにくくなります。これは、同じ温度になると、炭であろうと、鉄であろうと同じ色で単位面積あたりは同じエネルギーを出して輝くという性質があるためです。そして温度が高くなるにつれて、赤から青白く変わり、また、単位面積あたりたくさんのエネルギーを放出します。なお、この性質は透明な物にはあてはまりません。

さて、恒星の色の話に戻りましょう。恒星は、中心で起こっている核融合反応がエネルギー源でした。そして、重い星は、軽い星より毎秒たくさんのエネルギーを核融合反応により産出します。その時のエネルギーが星の表面から放射されます。この時重要なのは星の半径です。半径が大きいと中心で作られたエネルギーは広い表面から放射することができ、単位面積あたりの放射量が少なくてすみます。ですから、温度も低く赤くなります。一方、半径の小さい星では、単位面積あたりたくさんのエネルギーを放出しないといけないので、温度が高く、青っぽくなります。

恒星の色は、恒星の質量により、生み出すエネルギーの大きさが決まり、そのエネルギーを単位面積あたりどれだけ放出するかで、温度すなわち色が決まるというわけです。したがって重くて小さな星は青く、軽くて大きい星は赤いというわけです。

図2-8　アンドロメダ座ガンマ星
撮影：阿南市科学センター/ 今村和義

Q9　星の色はどうやって決まりますか？（2）

星の色の話をしていると、真昼の太陽は黄色っぽいけれど、夕日は赤く見えることを思い出さなかったでしょうか。確かに同じ星でも色が変わって見えてしまいます。夕日が赤く見えるのは、太陽からの光が地球の空気を通り抜ける時に起こる現象が原因であり、元々の太陽が放射する光の色が変わったわけではありません（第1章Q5）。でもどうしてでしょうか。

もともとの太陽から出た光の色は太陽の質量と半径で決まり、いろいろな色の光が混ざって、結果として黄色っぽく見えています。しかし、太陽の光が、地球の大気を通り抜ける時に様々な色の光の混ざる割合が変化してしまいます。青い光は赤い光に比べて、大気中の塵や分子などにより散乱されて、まっすぐ地上へ届きにくい性質があるのです。だから、散乱されずに太陽からまっすぐやってくる光は、青い光が少なく、赤い光が多くなり、その結果、太陽は元より赤っぽく見えるようになります。また、太陽の方向ではない空は、大気中の塵や分子などで散乱された光が見えているので青い光が多く、その結果、空は青く見えるのです。また、夕方は、太陽の光が私たちの所に届くためには地球の大気を斜めに、長い距離を通り抜けてこなければなりません。そのため、より赤っぽく見えます。

太陽以外の恒星ではどうでしょうか。同じように、地球の大気により、本来の色から少し赤っぽくなります。特に恒星が地平線近くにある時は赤っぽく見えてしまいます。

恒星は地球の大気の影響ばかりではありません。恒星は太陽に比べてたいへん遠くにあります。恒星から出た光はもともと恒星の質量と半径で決まる色の分布であっても、その光が私たちに到達するまでに宇宙空間を､長く通り抜けてくる必要があります。通り抜けるのはもちろん宇宙空間ですので、「ほぼ」真空ですが、少しは物質、ガスや塵、が存在しています。場所により異なりますが、およそ1㎤あたり1個くらいの水素原子と1㎥あたり1個くらいの塵があります。恒星の近くではより多くのガスや塵も存在します。そのために、遠くの星は、もともとの星の色よりも赤く見えます（図2-9）。また、天の川方向や特に私たちの銀河系の中心方向は、より赤っぽく見えることが知られています。

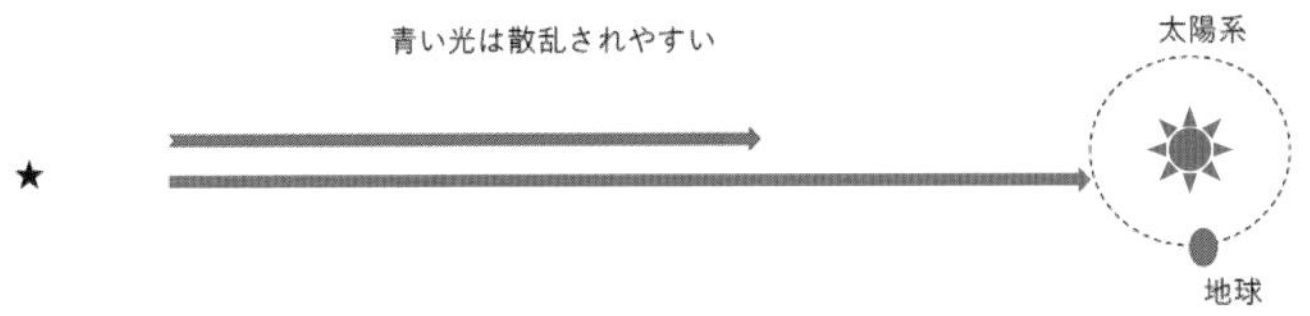

図2-9　青い光は散乱されやすいが、赤い光はまっすぐ進みやすい

Q10　星はバラバラに存在するのですか？

「星は、すばる。彦星。ゆふづつ。よばひ星、すこしをかし」というのは、清少納言による有名な『枕草子』の1節です。「彦星」は、あの七夕のひこぼしで、わし座のアルファ星アルタイル、「ゆうづつ」は宵の明星のことで、すなわち金星ですね。「よばひ星」は流れ星のことだそうです。

では「すばる」は何でしょうか。すばるはおうし座にある、星の集まりです（図2-10①）。双眼鏡で見ると、明るい6個の星に加えて数十個の青白い星が集まっていることが分かります。すばるのような星の集まりは、夜空のあちこちにあります。それらは散開星団とよばれています。また、2重星とよばれる、2つの星が集まっているものもしばしばあります。2重でなくて、3重、4重あるいはそれ以上集まっている星もたくさんあります。2重星の多くは、本当に星同士が近くにあって、お互いに相手の星に対して、ぐるぐる回りあっている連星系です。恒星のうち、少なくとも約4分の1は連星系であると考えられています。

恒星は、宇宙のどこかにあった希薄で大きな原子や分子の雲の中の、数密度の大きいところが収縮して誕生します。元の雲の数密度が大きいところが1箇所だけとは限らないので、あちこちで収縮が生じることも多いと考えられます。そうすると、元の雲のあった場所のあちこちで星が誕生するのです。すばるのような散開星団は、ひとつの雲から、たくさんの星が、同じような頃に誕生したのです。

連星系や、散開星団を構成する星の中にも惑星が付随しているものもたくさんあるでしょう。そのような惑星に住んでいるとしたら、空には太陽のような明るい星が2個、または、たくさん見えるでしょう。夜がないかもしれませんね。

また、球状星団とよばれる、数十万個の星がほぼ球形に集まった星の大集団があります（図2-10②）。球状星団の多くは、私たちの銀河系ができるのと同じころに、やはり、大規模にガスが収縮し、星の大集団ができたと考えられています。球状星団の中のどこかの惑星に住んでいると、空はどのように見えるのでしょう。想像して見てください。

図2-10①　散開星団、おうし座のM45
すばるとか、プレアデス星団と呼ばれる
図2-10①は「撮影：福島英雄、福島慧」

図2-10②　球状星団、ヘラクレス座のM13
図2-10②は提供：国立天文台

Q11 星の半径はどれくらい？

太陽と月を見比べると、どちらが大きく見えるでしょうか。同じくらいに見えますよね。でもこれは、私たちから見た、見かけの大きさです。実際の大きさを比べると、太陽は月に比べてはるかに大きいです。太陽の半径はおよそ696000kmですが、月の半径はおよそ1740kmです。一方、太陽までの距離の平均はおよそ1億5千万kmに対して、月までの距離の平均はおよそ384000kmです。距離は太陽がおよそ390倍、半径は太陽がおよそ400倍ということで、同じくらいの大きさに見えるのです。

太陽は恒星の仲間ですが、他の恒星はどうでしょうか。小さいものでは、ケンタウルス座のアルファ星に付随するプロキシマ星は太陽のおよそ7分の1です。一方、大きい恒星として有名なさそり座のアンタレスや、オリオン座ベテルギウス（図2-11）は太陽のおよそ800～1000倍です。アンタレスやベテルギウスは、地球の軌道よりも大きいことが分かります。

実は、アンタレスやベテルギウスは、巨星とよばれる星たちです。一方、太陽を含む多くの恒星は主系列星とよばれる星たちです。主系列星では、星の中心で水素ガスが核融合反応を起こし、発生する熱によるガスの圧力が万有引力で縮もうとする力を支えています。ところが、アンタレスや、ベテルギウスは、星の中心では核融合反応をするための水素を使い果たしてしまって、ヘリウムやもっと重い元素だけを含む状態になっています。それらは、また核融合反応を起こしているのですが、ヘリウムガスよりも外層にある水素ガスの層でも核融合反応を起しています。

　このように、星によって星の半径は異なります。しかし、星は遠くにあるのでその半径を測定するのは大変難しいです。比較的近くにあって半径の大きい星、例えばベテルギウスの見かけの大きさは1度の１００万分の６の大きさです。大変小さいですが、最新の望遠鏡で色々工夫することでギリギリ大きさが測れる程度です。もっと遠い星や小さい星はとても大きさを測定できません。しかし、星の色と明るさが分かれば、色から単位面積あたりの明るさが分かり、そして、全体の明るさを単位面積あたりの明るさで割り算することで、星の表面積が計算できます。星が球形と思えば、半径も求めることができます。

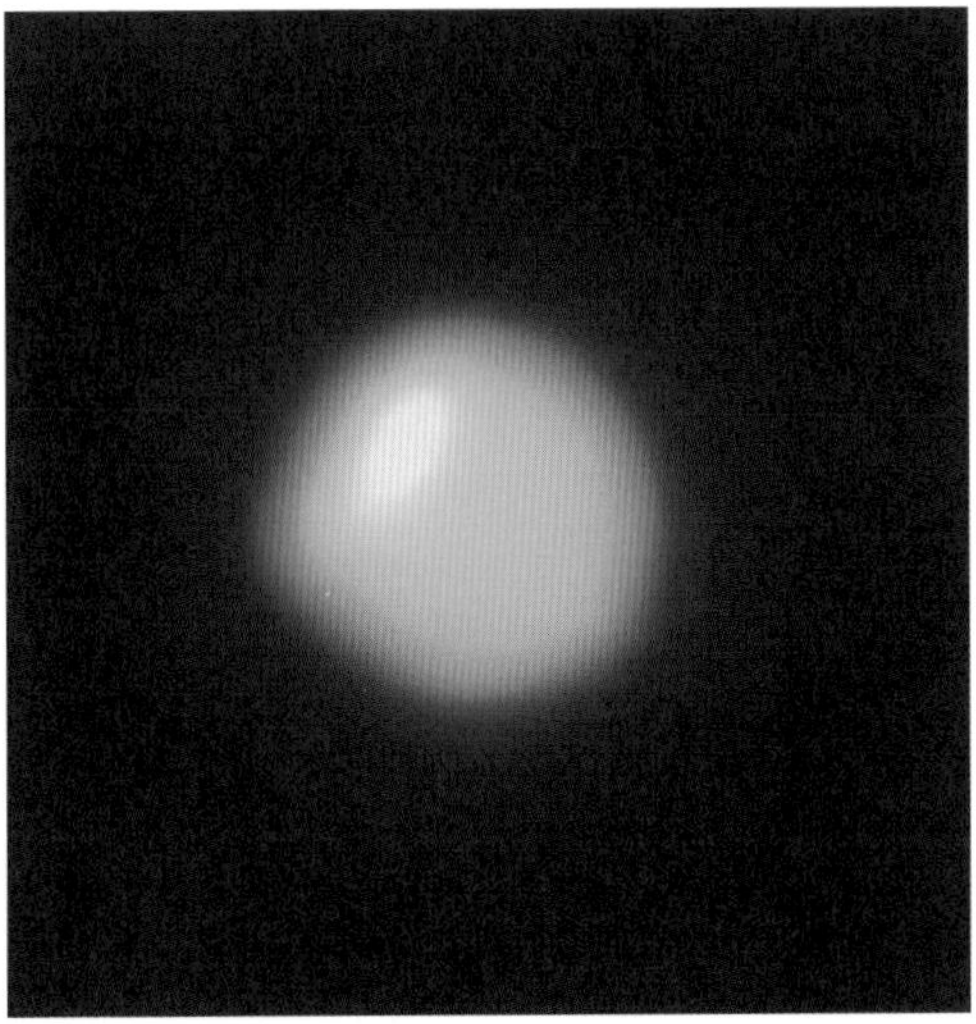

図2-11　アルマ電波望遠鏡がとらえたベテルギウスの像
Credit：ALMA (ESO/NAOJ/NRAO) /E. O'Gorman/P. Kervella

Q12 星の重さ（質量）はどれくらい？

太陽は大変大きいのですが、質量はどうでしょうか。地球の質量はおよそ6兆kgの1兆倍です。一方太陽の質量は2千兆kgの1千兆倍です。地球に比べておよそ33万倍ということで、やはり重いですね。

他の恒星はどうでしょうか。質量の大きな星として知られているのはR136a1とよばれる星です。大マゼラン雲の中で星がたくさん生まれている領域である、タランチュラ星雲の中にあります。太陽のおよそ300倍の質量と見積もられています。りゅうこつ座イータ星も重い星として有名です。この星は、2つの重い星、太陽の90倍以上の星と、30倍以上の星の連星系です。一方、小さな星はどうでしょうか。ケンタウルス座のプロキシマ星の質量は太陽のおよそ0・12倍です。

木星の質量は太陽の1000分の1以下です。木星の質量では星の中心での核融合反応は起きず、恒星になることができなかったのです。一方、太陽の0・12倍程度の質量のプロキシマ星では、核融合反応が起っています。理論計算によると、太陽のおよそ8%程度より重いと、通常の水素の核融合反応が起こり恒星になります。それより軽くて、太陽の1%程度より重い場合は、特別な水素（重水素）だけが核融合反応が起こすことができ、その燃料がある間は核融合反応を起こして、熱くなりますが、その後燃料が切れると核融合反応が終わり、後は冷えていきます。これは褐色矮星《わいせい》とよばれています。木星はそれよりも軽いので、核融合反応は起こしません。結局、普通の恒星の質量は太陽のおよそ8%程度から数百倍という範囲です（図2-12）。

では、恒星の質量はどうやって計るのでしょうか。質量を計るのは簡単なことではありません。万有引力の法則とニュートンの力学を使って推定します。太陽の場合は地球の公転周期と太陽までの距離が分かれば、太陽の質量を計算できます。他の恒星も連星系であれば、回転する軸の方向と両方の星の回転する速度、それから、周期が分かれば、同じように星の質量を推定することができます。

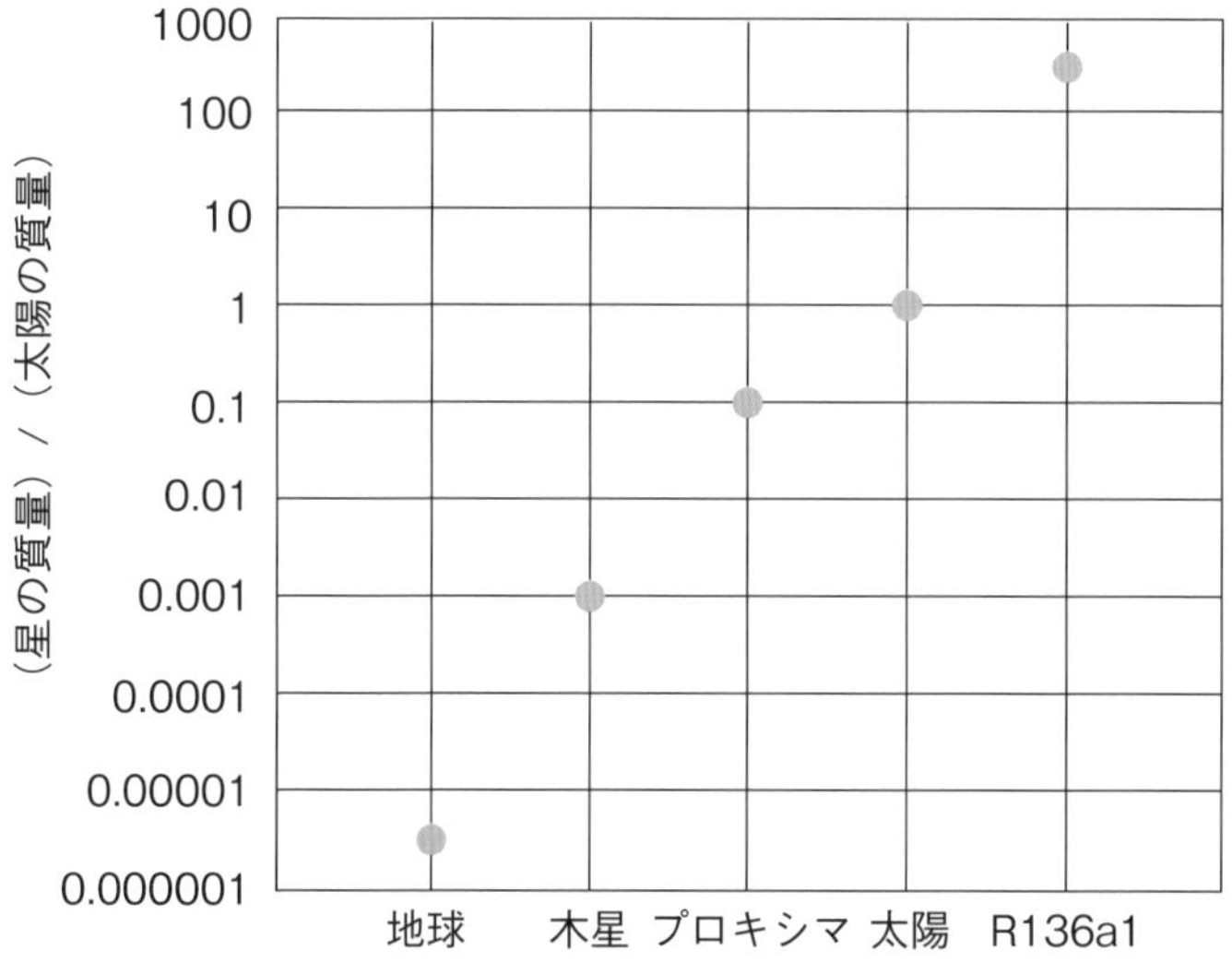

図2-12　恒星や惑星の質量比べ

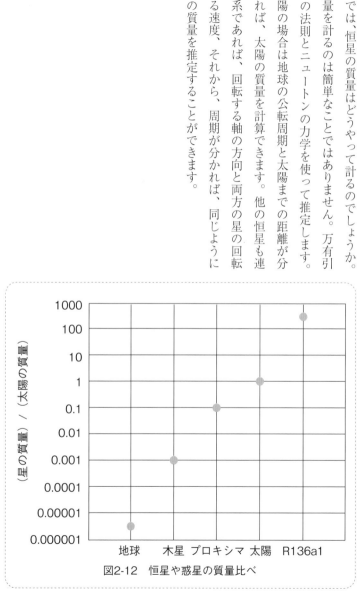

Q13　星の寿命はどれくらい？

恒星には寿命があります。太陽の年齢はおよそ46億歳です。そして、太陽の寿命は第1章（Q13）で書いたように燃料になる水素の量と、1秒あたりに使用する水素の量を見積もれば計算できました。その結果太陽の寿命は、100億年以上なので、あと50億年以上はこのまま輝き続けてくれるでしょう。

さて、皆さんは、重い星と軽い星ではどちらが長生きすると思いますか。調べてみましょう。例えば、乙女座の1等星「スピカ」は連星系ですが、そのうち重い方の星は太陽の11倍の重さですので、燃料は太陽のおよそ11倍ですね。ところが、明るさはおよそ2254倍です。1秒あたりの燃料の消費量は2254倍ですので、結局寿命は太陽に比べて2254分の11、すなわちおよそ204分の1ということです。太陽の寿命が100億年だとすると5千万年以下の寿命というわけです。重い星は、燃料は豊富だけれど、軽い星よりうんと激しく消費するために寿命が短くなります。

では、もっと重い星はどうでしょうか。R136a1という星（図2-13）は質量が太陽のおよそ300倍だけれど、明るさは870万倍です。したがって寿命は太陽の300/(870万)でおよそ30万年ということになります。りゅうこつ座イータ星の重い方の星は質量が太陽の90倍とすると、明るさは太陽の500万倍なので寿命は20万年と計算できてしまいます。重い星は水素ばかりでなくヘリウムやもっと重い元素も核融合反応に使うことができるので、この計算は少し修正する必要がありますが、それでも寿命は大変短いです。

地球誕生以来、およそ45億年を経ています。20万年や30万年というと、地球の歴史に比べても随分短いですね。20万年前や30万年前というと、旧石器時代で、ネアンデルタール人たちが石器を使って狩をして暮らしていたころです。そのころネアンデルタール人たちが星を見ても、R136a1もりゅうこつ座イータ星もなかったことでしょう。

図2-13　ヨーロッパ南天天文台（ESO）のVLTが撮像したR136星団。中央の明るい星がR136a1
Credit：ESO/P. Crowther/C.J. Evans

Q14 白色矮星《わいせい》とは何ですか？

「白色」は白い色ということですが「矮星」というのは小さな星という意味です。実は私たちにおなじみの太陽もあと55億年ほどすると、この白い小さな星である白色矮星になると考えられています。

白色矮星の大きさは地球と同じくらいです。ところがその質量は太陽と同じくらいで地球の30万倍ほどもあります。そのため密度が非常に高いことになります。白色矮星の物質1つまみ分で1トン程度にもなります。重力も非常に強くて太陽の約1万倍です。星がこのような強い重力でつぶれてしまわないためには、強い圧力で支えることが必要です。

この圧力を考えるために、物質のミクロな構造に目を向けてみましょう。物質は非常にたくさんの分子からできています。分子はさらに原子からできていて、原子は原子核と電子からできています。電子は、中心の原子核の周りを飛び交っていてこれが原子を構成します。電子は高密度になると強い圧力を生み出すという性質をもっています。これを電子の縮退圧といいます。白色矮星は電子の強い縮退圧によって支えられた星なのです。電子の縮退圧で支えることができる質量には限度があって、それは太陽の約1・4倍です。この限界質量を理論的に発見したインド生まれの宇宙物理学者スブラマニアン・チャンドラセカールは、１９８３年にノーベル物理学賞を受賞しました。

皆さんは、夜空に輝く1番明るい恒星シリウスをご存じですか。シリウスにはその回りを回るおともの星（伴星）のシリウスBがあります（図2-14）。実はこのシリウスBが白色矮星なのです。残念ながらこの伴星自体は暗すぎて直接肉眼で見ることはできないのですが、伴星の重力によって主星であるシリウスの軌道が揺らぐことが観測され、その後に伴星が望遠鏡によって直接観測されました。今度冬の夜空にシリウスを見つけたら、白色矮星をおともに従えていることを思い出し、太陽の行く末を想像してみてください。

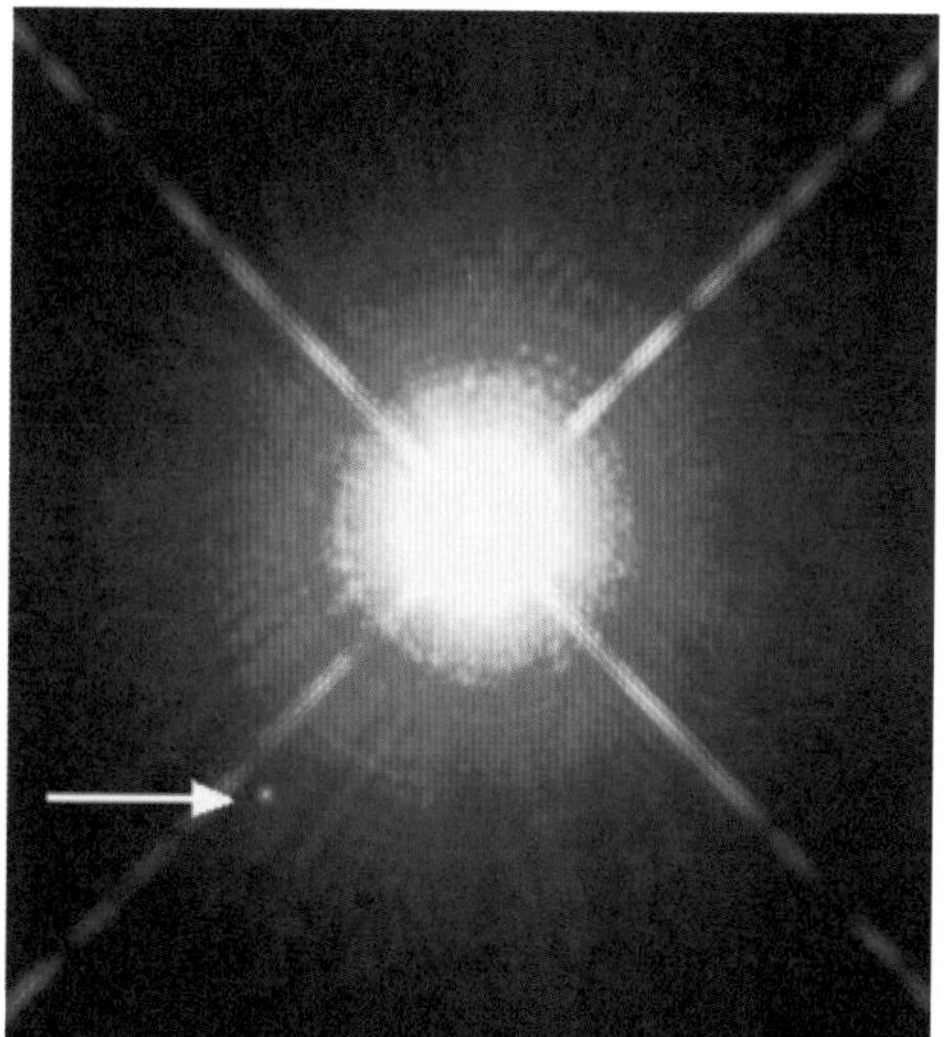

図2-14　ハッブル宇宙望遠鏡で観測したシリウスの主星と伴星

Q15　中性子星とは何ですか？

白色矮星は1つまみで1トンという密度の高い星ですが、では宇宙で1番密度の高い星は何でしょうか。それは中性子星という星です。中性子星の質量は太陽の1・4倍から2倍くらいなのですが、その半径は10㎞から15㎞くらいです。これは、だいたい東京の池袋から品川までくらいの距離です。中性子星は白色矮星と比べても非常に小さいことが分かります。ここまで小さいので密度は1つまみで10兆トンほどにもなります。重力も大変強くて、白色矮星の50万倍くらいになります。中性子星がこの強烈な重力でつぶれてしまわないための強烈な圧力はどこから生まれているのでしょうか。

白色矮星では電子の縮退圧がその役割を担ったのですが、さらに密度が高い中性子星では中性子の縮退圧がその役割を担います。物質を分解していくと原子核と電子からなる原子に行き着くのですが、原子核はさらにいくつかの陽子と中性子からできています。この中性子も非常な高密度になると強烈な縮退圧を生み出します。中性子星はこの中性子の縮退圧で支えられた星なのです。中性子星は重力が大変に強いため、一般相対性理論的な重力を考える必要が出てきます。中性子星の限界質量は太陽質量の5倍より小さいことが分かっています。中性子星は、重い恒星の進化の最終段階の中心核が残ったものだと考えられています。図2-15①は中性子星の内部構造の推定図です。

中性子星は1967年に1秒程度の安定した周期のパルス信号の電波を出す天体、すなわちパルサーとして発見されました。また、X線観測衛星などによって観測されているものもあります。図2-15②は有名なベラパルサーの写真です。2017年には中性子星同士からなる連星の合体現象が重力波と電磁波によってほぼ同時に観測され、ガンマ線バーストの謎や宇宙の元素合成の謎に迫る画期的な大発見として大変な話題となりました。中性子星は今天文学的にも物理学的にも最も面白い天体の1つです。

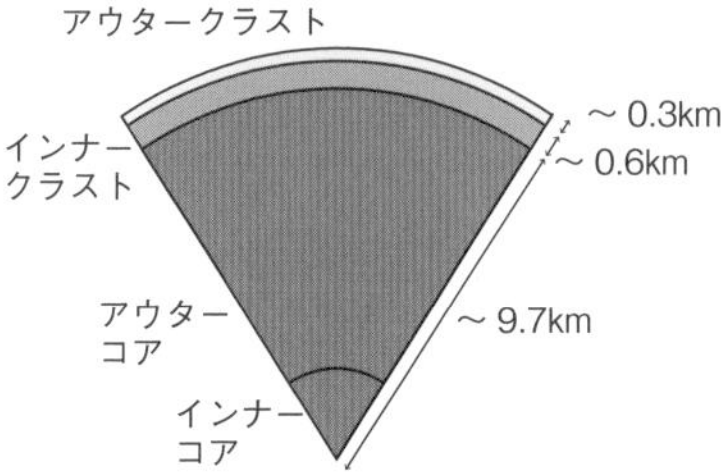

図2-15①　中性子星の断面模式図

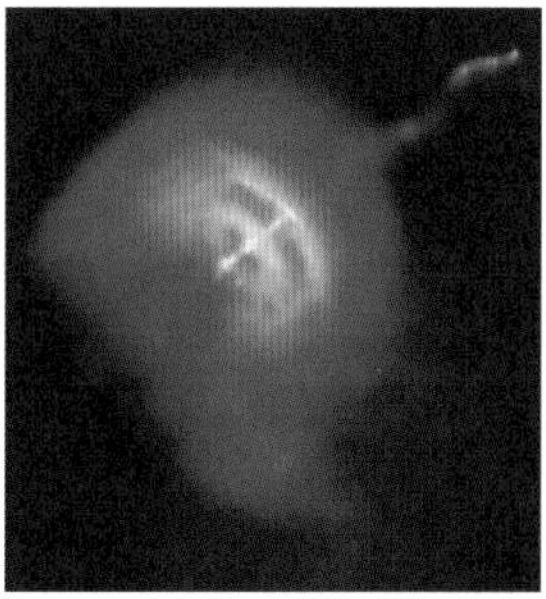

図2-15②　ベラパルサーとその周囲の高温ガス
Credit：NASA/CXC/PSU/G.Pavlov et al. - http://heasarc.gsfc.nasa.gov/docs/objects/heapow/archive/compact_objects/vela_pulsar_jet.html

Q16 ブラックホールとは何ですか？

非常にコンパクトな物体の重力を考えてみましょう。図2-16①を見てください。物体から遠く離れた点では光は外に出られますが、物体に近くなると重力が非常に強くなるために外に向けて発した光も外に出られなくなってしまうことがあります。このように外に光を出せなくなる限界を事象の地平面といいます。こうなると事象の地平面の外側にいる人は事象の地平面より内側を見ることができなくなってしまいます。これがブラックホール図2-16②です。

光に対する重力の影響を正しく扱うには、一般相対性理論という理論が必要になります。1915年から1916年にかけてアルバート・アインシュタインは一般相対性理論を提案しました。その基礎方程式であるアインシュタイン方程式の解を1916年にカール・シュヴァルツシルトが発見しました。この解は後にブラックホールを表すことが分かりました。1963年にはロイ・カーが新しい解を発見し、これは回転ブラックホールを表します。また、ロジャー・ペンローズは1965年に強い重力の下では一般的に時空特異点が現れること（特異点定理といいます）を数学的に証明しました。ペンローズはこの定理を始めとしてブラックホール形成が起こることを一般的に示したことに対して2020年にノーベル物理学賞を受賞しました。

ブラックホールはどのようにしてできるのでしょうか。非常に重い恒星は進化の最終段階で重い中心核をもちます。ところが縮退圧で支えられる星の質量には限界あります。そのため、この限界質量を超えるような非常に重い中心核をもつ星は最終的にブラックホールになります。また、どうやってできたのかよく分かっていないのですが、多くの銀河の中心には、太陽の１００万倍から1兆倍ぐらいの超大質量ブラックホールがあると考えられています。

ブラックホールの観測的証拠は以前からいろいろあったのですが、直接的には２０１５年にアメリカの重力波観測装置ＬＩＧＯが太陽質量の約30倍のブラックホール同士からなる連星の合体現象による重力波を観測しました。その後ブラックホール同士の連星合体による重力波が続々と観測されています。さらに２０１９年には、地球上の複数の電波望遠鏡を結合させて非常に高い感度と解像度を実現する国際観測プロジェクトであるイベントホライズンテレスコープが、太陽の約65億倍もの質量をもつ超大質量ブラックホールを直接撮影することに成功しました。このようにブラックホールは現在の天文学や宇宙物理学の主役になっています。

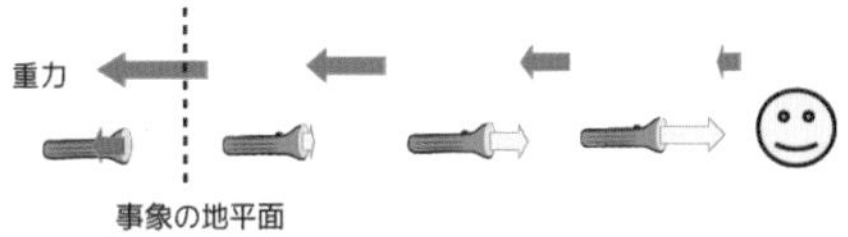

図2-16①　事象の地平面より内側の光は出られない

図2-16②　ブラックホールのイメージ図

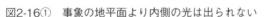

Q17 ブラックホールの中に入ったらどうなるの？

ブラックホールは光も逃れられない領域です。したがって、ブラックホールの中のことは観測することができないので知ることもできません。「だから考えても意味がありません」などといわれてしまうこともありますが、もしそうだとしても気になりますよね。ブラックホールはもともと一般相対性理論に基づいて提案されたものなので、その中についても理論的に考察することができます。

あなたはブラックホールの中に突っ込んでいく勇気がありますか（図2-17）。あなたが宇宙船に乗って事象の地平面を通過できるかどうかを考える上で重要になるのが、潮汐力という力です。一般に重力を受けて落下するものは、上下方向に引き伸ばし水平方向に押しつぶす潮汐力を受けます。この力は太陽の10倍くらいの質量のブラックホールでは大変強いので、宇宙船もあなたも事象の地平面を通過する前にばらばらに引き裂かれてしまいます。ところが超大質量ブラックホールだと、潮汐力は非常に小さくて済みます。あなたがブラックホールの中に入りたいなら超大質量ブラックホールがお勧めです。

では事象の地平面を通過したらどうなるでしょうか。意外なことにブラックホールの内部でもあまり変わったことはすぐには起こりません。ただし、落ちていくにつれて潮汐力はどんどん強くなっていきます。その後のあなたの運命は、ブラックホールの種類に左右されるかもしれません。回転していないブラックホールでは、宇宙船は潮汐力が際限なく強くなる時空特異点というものにぶつかってしまうので、残念ながらその前に宇宙船もあなたもばらばらに引き裂かれてしまいます。

しかし、回転ブラックホールでは潮汐力があまり強くならないまま世界を時間発展として記述することのできる限界であるコーシー地平面という面に近づき、コーシー地平面を通過する直前にあなたは宇宙の全ての歴史を一瞬にして見ることができます。コーシー地平面を通過すると、その後の世界を時間発展として予言することはできないのですが、あなたはリング状の裸の特異点やタイムマシンやホワイトホールといった奇妙なものに出くわすかもしれません。裸の特異点とは時空特異点がむき出しになっているところで、現在の物理学ではどのようなものが観測されるのか全くわかりません。ただし、回転ブラックホール内部のこの描像は現実的ではなく、実際には回転しないブラックホールの内部と同じようになっているという予想もあります。

図2-17　ブラックホールに突っ込む

Q18 ブラックホールはどうすれば観測できるの？

ブラックホールは非常に重力が強いために光も逃れられません。そのためにブラックホール自体が光ることはありません。ではブラックホールを観測することはできないのでしょうか。

実は観測する方法があります。その1つはブラックホール周辺からの光を観測する方法です。ブラックホール周辺に物質があるとブラックホールの重力に捉えられて落ちていきます。このような物質は100万度を超える非常に高い温度になり、X線という波長の短い電磁波を強く出します。このX線は人工衛星によって観測することができます。こうして見つかるブラックホールの質量は太陽の10倍程度のものもありますが、銀河中心にある超大質量ブラックホールから放射されたとみられるX線も観測されています。

2019年にイベントホライズンテレスコープがブラックホールの直接撮像に成功したと発表されました（図2-18）。観測された対象はM87という銀河の中心にある、太陽の約65億倍の質量の超大質量ブラックホールです。イベントホライズンテレスコープは世界のあちこちに置かれている電波望遠鏡を組み合わせることによって、電波の放射源の非常に細かい構造まで見ることができます。これによって、ブラックホールの向こう側から放射された電波を撮像すると黒い穴のようなものが映ります。これはブラックホールの周辺やブラックホールの影とよばれています。

ブラックホールを観測する手段は電磁波だけではありません。2015年にアメリカの重力波観測装置LIGOが太陽質量の約30倍の2つのブラックホール同士の連星が合体する際に発生した重力波を検出したと発表されました。その後も続々とブラックホール連星からの重力波が検出されています。重力波もブラックホールを観測する有力な方法です。

その他、かなり間接的な手段ですが、ブラックホールのすぐ近くを通る恒星の運動を観測して、中心にある天体の質量と大きさを推定する方法があります。この方法によって、私たちの銀河の中心であるいて座Ａ*という電波源には太陽の４００万倍を超える質量が太陽系と同じ大きさ程度の範囲にあることが分かっていて、私たちの銀河中心に超大質量ブラックホールがある証拠とされています。この成果により、２０２０年にラインハルト・ゲンツェルとアンドレア・ゲズはノーベル物理学賞を受賞しました。

図2-18　イベントホライズンテスコープによる M87の中心の撮像

Q19 どんなブラックホールが見つかっているの？

ブラックホールと一言でいっても、どんなブラックホールがあるのでしょうか。赤や青、三日月型や星型など個性があるのでしょうか。

ブラックホールは一般相対性理論の基礎方程式であるアインシュタイン方程式の解として表されます。この方程式を詳しく調べたところ、真空中のブラックホールは、回転していないブラックホールを表すシュヴァルツシルト解と回転ブラックホールを表すカー解の2種類だけであることが分かりました。その性質は質量と回転だけで完全に決まってしまいます。色は黒、形は球形です。図2-19のように驚くほど個性がありません。

一方、これまで宇宙の観測によって見つかったブラックホールは、その質量からいくつかのグループに分類されています。最も重いグループは、ほとんど全ての銀河の中心に存在すると見られる超大質量ブラックホールです。その質量は太陽質量の10万倍以上でなかには1兆倍程度になるものもあります。私たちの銀河の中心にも太陽質量の約400万倍のブラックホールがあります。2019年に発表されたイベントホライズンテレスコープによる観測結果から、M87という銀河の中心の超大質量ブラックホールは太陽質量の約65億倍であることが分かりました。超大質量ブラックホールがどのようにできたのかまだよく分かっていません。

次に、主にX線連星として見つかっている太陽質量の数倍から10倍程度の質量の恒星質量ブラックホールがあります。中でも有名な候補が、はくちょう座X-1です。これらのブラックホールには周囲から物質が降り積もっていて、その際に高温となり、強いX線を出しています。これらのブラックホールは比較的重い恒星の進化の最終段階でできたと考えられています。

それから、重力波観測によって２０１５年から続々と見つかっている、太陽質量の30倍程度の質量をもつブラックホールがあげられます。これらのブラックホールが恒星の進化の最終段階でできたものなのか、それとも全く別の起源をもつものなのかよく分かっていません。

最後に、まだ見つかっていないのですが、１９７1年にスティーヴン・ホーキングが提案した原始ブラックホールを紹介します。これはビッグバン直後の宇宙初期にできたブラックホールで、その質量は10万分の1gの非常に軽いものから、小惑星程度のものや太陽質量程度のものなど、多くの可能性があります。小惑星程度の質量の場合はその大きさは原子核程度と非常に小さいものになります。

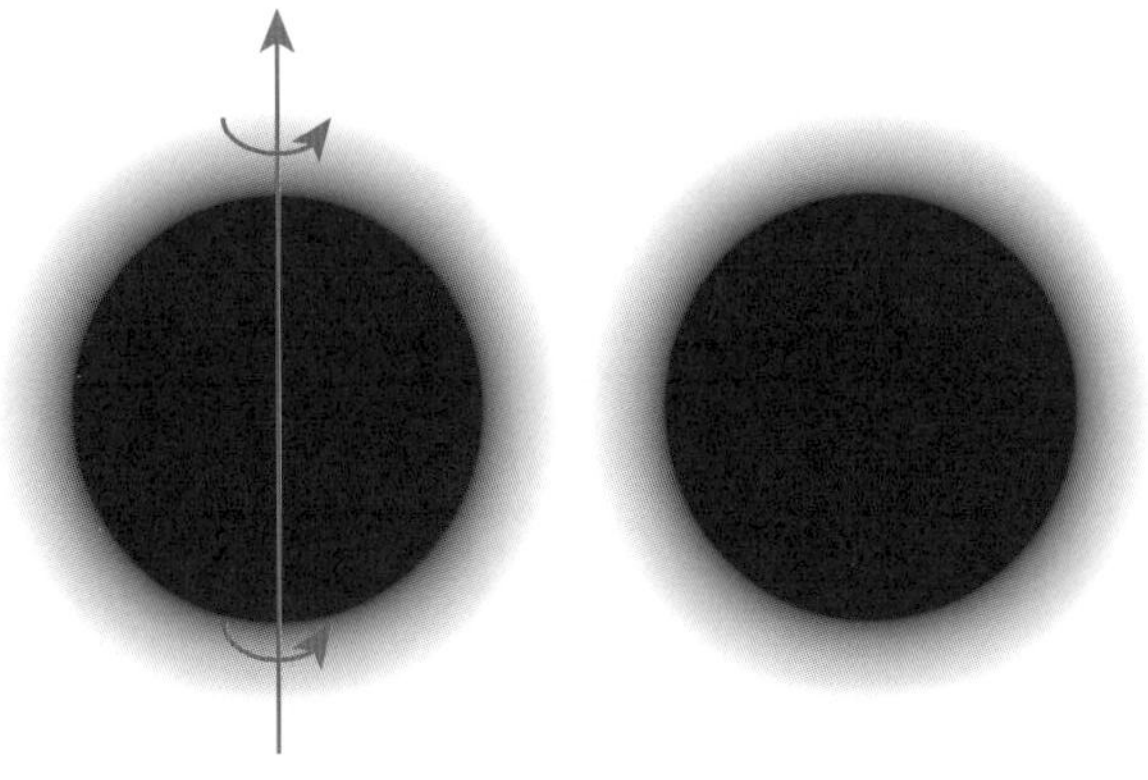

図2-19　回転ブラックホールと回転していないブラックホール

エピソード～ブラックホール、永遠に潰れる星（1）～

ブラックホールは、アインシュタインが一般相対性理論を発表して提唱したアインシュタイン方程式を解くことによって導出される概念です。このアインシュタイン方程式を解いて、1つの解を導き出し、ブラックホールを議論したのは、カール・シュヴァルツシルトでした。なお、このころは、ブラックホールという言葉はありません。

しかしながら、その後も、「そんなものは本当にあるのか」という議論が続きます。有名な話はスブラマニアン・チャンドラセカールとアーサー・エディントンの論争です。それは白色矮星が重くなるとどうなるかという議論です。白色矮星とは、比較的軽い星が内部での核融合反応を終了して星自身の重力のためにどんどん小さく収縮し、ついには、電子が同じ場所に同じ状態で2つ以上存在できないという理由（電子の縮退圧）で、収縮しようとする力に反発している天体です。太陽程度の質量でも地球程度の半径になっています。そのような天体である白色矮星の存在は観測から知られていました。1930～1935年ごろの話です。若きチャンドラセカールは、量子力学と一般相対性理論を駆使して、「白色矮星は重さに限界があり、ある重さ以上では電子の縮退圧では支えることができず、永遠に潰れてしまう」と考えました。まさにブラックホールになると考えたのです。この重さの上限をチャンドラセカール限界とよびます。ところが、ケンブリッジ大学の教授で、名声の高いエディントンは、「永遠に潰れてしまう」ということは決して受け入れませんでした。そして、「何かまだ知られていない原因で、潰れることに反発する法則があるはずである」と譲らなかったそうです。現代の解釈では、白色矮星は、チャンドラセカール限界で潰れてしまうのだけれど、原子核を構成する核子（中性子や陽子）が同じ場所に同じ状態で2つ以上存在できないという性質で収縮が止まり、大部分が中性子でできた天体である中性子星になります。太陽と同じくらいの質量の中性子星の半径はおよそ10kmです。中性子は、1922年にケンブリッジ大学のジェームズ・チャドウィックが実験で存在を確認しました。なお、中性子星が発見されるのは1967年まで待たねばなりません。

スブラマニアン・チャンドラセカール

アーサー・エディントン

エピソード〜ブラックホール、永遠に潰れる星（2）〜

中性子星も、量子力学と一般相対性理論を使って調べると重さに限界があります。そして、その限界を超えたらどうなるのでしょうか。この考え方に関しても、ロバート・オッペンハイマーとジョン・ウィーラーによる論争がありました。1939年ごろのことです。オッペンハイマーは、重い星の最後はどうなるのか考察していました。重い星は、最後に核融合反応ができなくなると、電子はおろか、中性子でも支えることができず、何も支えるものはないので潰れてしまうと主張しました。トルマン・オッペンハイマー・ヴォルコフ限界といいます。ところが、ウィーラーは、潰れる時に出てくる光等による反発や吹き飛ばしで「潰れてしまうなんてあり得ない。何か防ぐものがあるはずだ」と主張し、中性子星が残るに違いないと主張しました。現在では、およそ太陽の20〜30倍より重い星は、ブラックホールに、それより軽い星は中性子星になると考えられています。なお、この、オッペンハイマーとウィーラーの論争の中で、「ブラックホール」という言葉が生まれたそうです。

そして、ついに1967年にアントニー・ヒューイッシュ、スーザン・ジョセリン・ベルにより、パルサーとして中性子星が発見されました。また、ブラックホールという言葉を科学の論文で初めて使ったのは、当時MITにいた小田稔でした。小田稔は、米国のX線観測衛星「ウフル」が観測したはくちょう座X-1という天体のX線強度の速い時間変動を見て、小さく重い天体があるに違いないと推測し、1971年の発表論文中に「観測された短い自転周期から、その自転する天体は、中性子星やブラックホールのような、星が爆発してできた天体に違いない」と言及したのです。

なお、ウィーラーは論争後、多くのブラックホールの研究業績を残しています。

ロバート・オッペンハイマー

ジョン・ウィーラー

小田稔

第3章　私たちの銀河系

Q1　星と星の間は何もないの？

太陽に最も近い恒星、ケンタウルス座のアルファ星でも、光の速さで4・3年かかるほど遠く、すなわち4・3光年離れたところにあります。天文学ではパーセク（pc）とよぶ距離の単位もあります。1pcはおよそ3・3光年です。太陽近傍の恒星たちの間隔はおよそ1pcよりすこし大きいくらいです。

この星と星の間を星間空間とよびますが、どんな場所なのでしょうか。宇宙ですからほぼ真空ですが、私たちの住む銀河系内の星間空間では、平均するとおよそ1㎤あたり数個の主に水素の原子や分子が存在します。もちろん、場所によってもっと数密度の高いところもあります。また、水素原子が1個ずつ（H）で存在する場合もあれば、2個の原子がくっついて分子（H_2）になっている場合もあります。さらに、原子がイオンと電子に分かれて存在している場合もあります。

地球の大気は1㎤あたり何個の分子があるか知っていますか。1㎤あたりおよそ3千兆の1万倍個です。実験室で真空にする装置（真空ポンプといいます）を、頑張って使っていろいろ工夫を凝らして真空状態を実現しようと努力しても1㎤あたり数百個（千兆分の1気圧のさらに百分の1）ぐらいが今の限界なようです。これでも極高真空とよびます。この値に比べても、星間空間は、本当に物がない状態に近いということができます。

星間空間を漂う原子や分子の数密度は、平均すれば1㎤あたりおよそ数個でした。これらの原子や分子の温度は、絶対温度で数万度のところもあれば、数十度のところもあります。また、温度が低いところは数密度が高くなっています。大雑把に1㎤あたり1個で温度が1000度と仮定して、分子の持つ運動エネルギーを計算すると、1㎤あたりおよそ2Jの千兆分の1のさらに10万分の1です。それ以外の星からの光や宇宙ができた頃から存在する光（宇宙マイクロ波背景放射）も漂っています。宇宙ができた頃から存在する光のエネルギー密度は、漂う原子や分子と同程度です。そればかりか、どこで作られたか未だ謎である、宇宙線とよばれる高エネルギー（高速で飛んでいる）の粒子も存在し、1㎤あたりの平均エネルギーにすると、漂う原子や分子の運動エネルギーを超えるほどになります。また、磁場も存在し、そのエネルギー密度もおよそ宇宙線と同程度です。エネルギーで比べると、漂う原子や分子がもつエネルギーより、光のエネルギーや高速で走り回る宇宙線、さらに宇宙に存在する磁場の方が大きいのです（図3-1）。

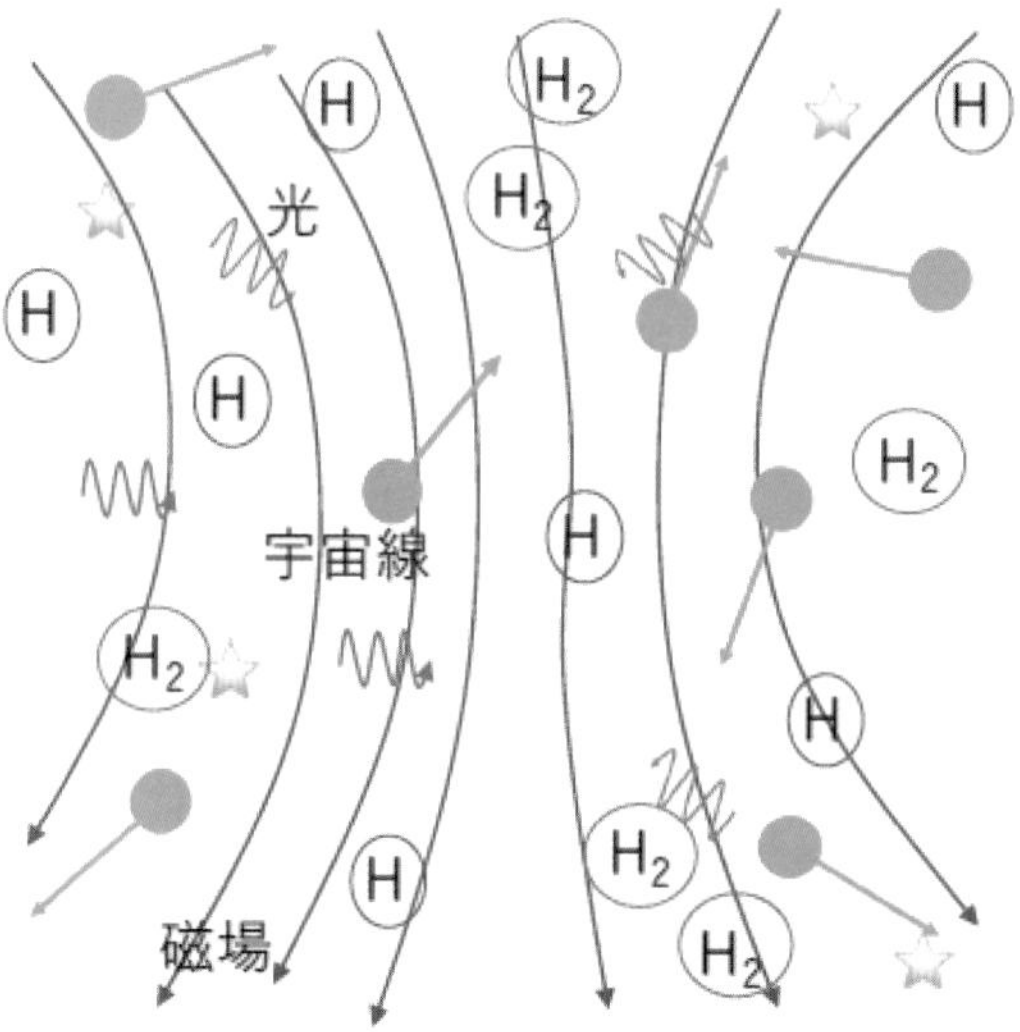

図3-1　星間空間のガス、光、宇宙線と磁場

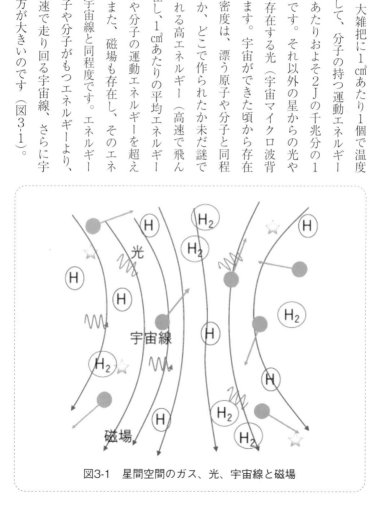

Q2　星と星の間はどんなガスがあるの？

星間空間を漂うガスを構成する原子や分子の粒子数は、平均すれば1㎤あたりおよそ数個でしたが、もちろん濃いところもあります。分子雲とよばれるところは、漢字の通り水素の分子が主な構成物で、密度が比較的濃いところです。1㎤あたり何万、何十万個もある場合もあります。水素分子（H_2）ばかりではなく、一酸化炭素（CO）や一酸化窒素（CN）なども観測されています。さらに、複雑な分子も発見されています。

分子雲の絶対温度はおよそ10度程度です。密度が高いところでは、万有引力のためにさらに粒子が集まり、分子雲コアとよばれる特に濃いところができます。分子雲コアにさらに粒子が集まってくると星の素である原始星ができます。粒子が集まる時は、集まる粒子以外に放出する粒子も伴います。原始星の周りでは、分子の外向きの流れ（双極分子流）があったり、原始星からの光により原子が電離されたりします。原始星からの光や近傍のガスの吹き出しによって原子や分子のガスの温度もあがり、密度も下がって、水素の電離ガスによる領域（HⅡ領域）ができます。このHⅡ領域では、水素の出す特徴的な光で観測すると輝いて見えます。

やがて原始星は進化して中心で核融合反応が起こりはじめ、恒星が誕生します。1つの分子雲の中で、同じころに多くの恒星が生まれることがあります。この星たちの周りにはふくざつな構造が観測されます。生まれた恒星のまわりにある、水素の特徴的な光で輝く電離した水素の領域（HⅡ領域）やその周りのまだ恒星の影響を受けていない原子や分子の密度が大きい領域が、生まれた星の光を散乱や反射して光って見える雲（反射星雲）、また、粒子の数密度の大きい領域が反射星雲やＨⅡ領域の手前に存在して影として見える領域（暗黒星雲）などが混在します。図3-2は、誕生したばかりの星々のまわりに、反射星雲やＨⅡ領域、暗黒星雲がよく見える三裂星雲（Ｍ20）とよばれる領域です。

星間空間には、もっと高温で粒子の数密度が低いところがあります。かつて超新星が爆発して、大量の光などとともに周りにエネルギーの高い粒子を放出した残骸です。超新星残骸とよびます。そこにあるガスの温度は数百万度から数千万度、粒子の数密度は１㎤あたり数個から数百個です。私たちの銀河系の中にはあちこちに超新星残骸が点在します。

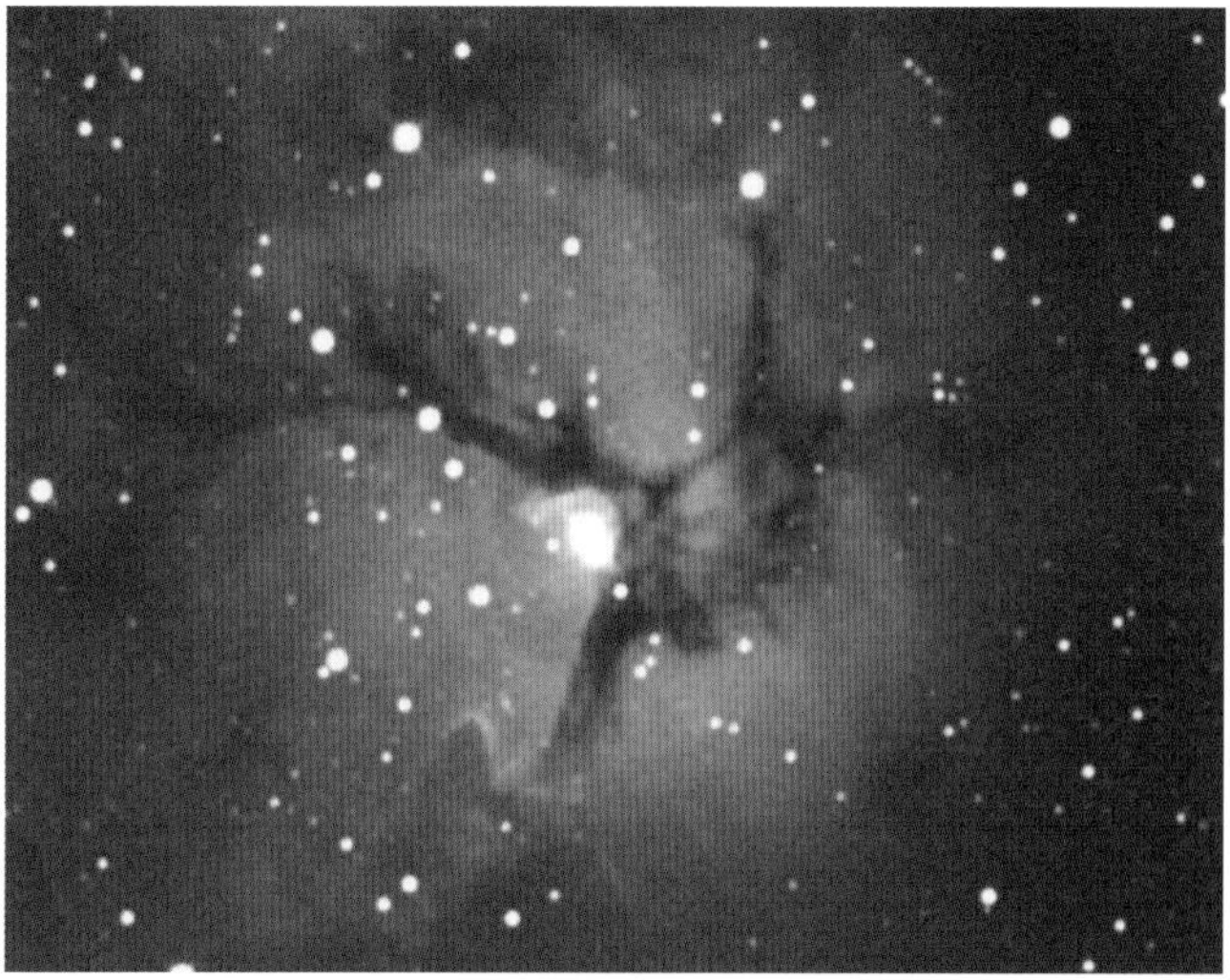

図3-2　三裂星雲（M20）
提供：国立天文台

Q3　星の最後はどうなるの？（白色矮星）

恒星は、中心で核融合反応を起こしてエネルギーを出し高温になることで、万有引力で縮もうとする力に反発して安定に存在しています。はじめは核融合反応の燃料は水素で、その結果、ヘリウムが作られます。水素がどんどん核融合するとヘリウムが増えてきます。その後どうなるでしょうか。星の質量により異なった進化をたどります。

まず、太陽の8倍程度以下の質量の恒星の場合は次のような道をたどります。水素の核融合反応が進むと、できたヘリウムにより、中心にヘリウムの塊である核ができます。ヘリウムの核は、核融合反応をするほど温度は上がらず収縮します。収縮すると温度が上がり、核の周りの殻状の領域では水素が核融合反応を起こし、より外側はその熱により膨らみ、大きな半径になってしまいます。赤色巨星とよばれる状態に向かって行くこととなります。星の中心のヘリウムの核は、星の質量によりますが、さらに核融合反応を起こすことがあります。その生成物の酸素や炭素もさらに核融合反応を起こし、何重にも殻構造ができる場合もあります。しかし、結局中心核は、核融合反応ができなくなってしまい収縮します。そして、電子の縮退とよばれる状態になってしまい、万有引力で縮もうとする力に反発するようになります。この電子の縮退という状態は、電子が、同じ場所に同じ状態で複数個存在できないという「パウリの排他律」とよばれる性質をもつために起こる現象です。電子が縮退するような核の半径は大変小さいです。

中心に核ができて、殻状に核融合反応を起こすような星は、表面からは、星を形成している粒子を、風のように宇宙空間にまき散らします。およそ10万年で太陽1個分程度の質量をまき散らすこともあります。どんどんまき散らかすと、周りに漂うまき散らかした粒子によるガスと、中心に残された核になります。この核は、「白色矮星」です（第２章Ｑ14も参照してください）。白色矮星の表面は、初期は数万度から十万度近い大変高温ですので、紫外線を出します。周りに巻き散らかされたガスは、その紫外線を受けて可視光で光ります。これらは惑星状星雲とよばれています。形は大雑把には丸いのですが、リング状や、特徴的な変な形の物もあります。粒子の放出の仕方がいろいろだったのでしょうね。

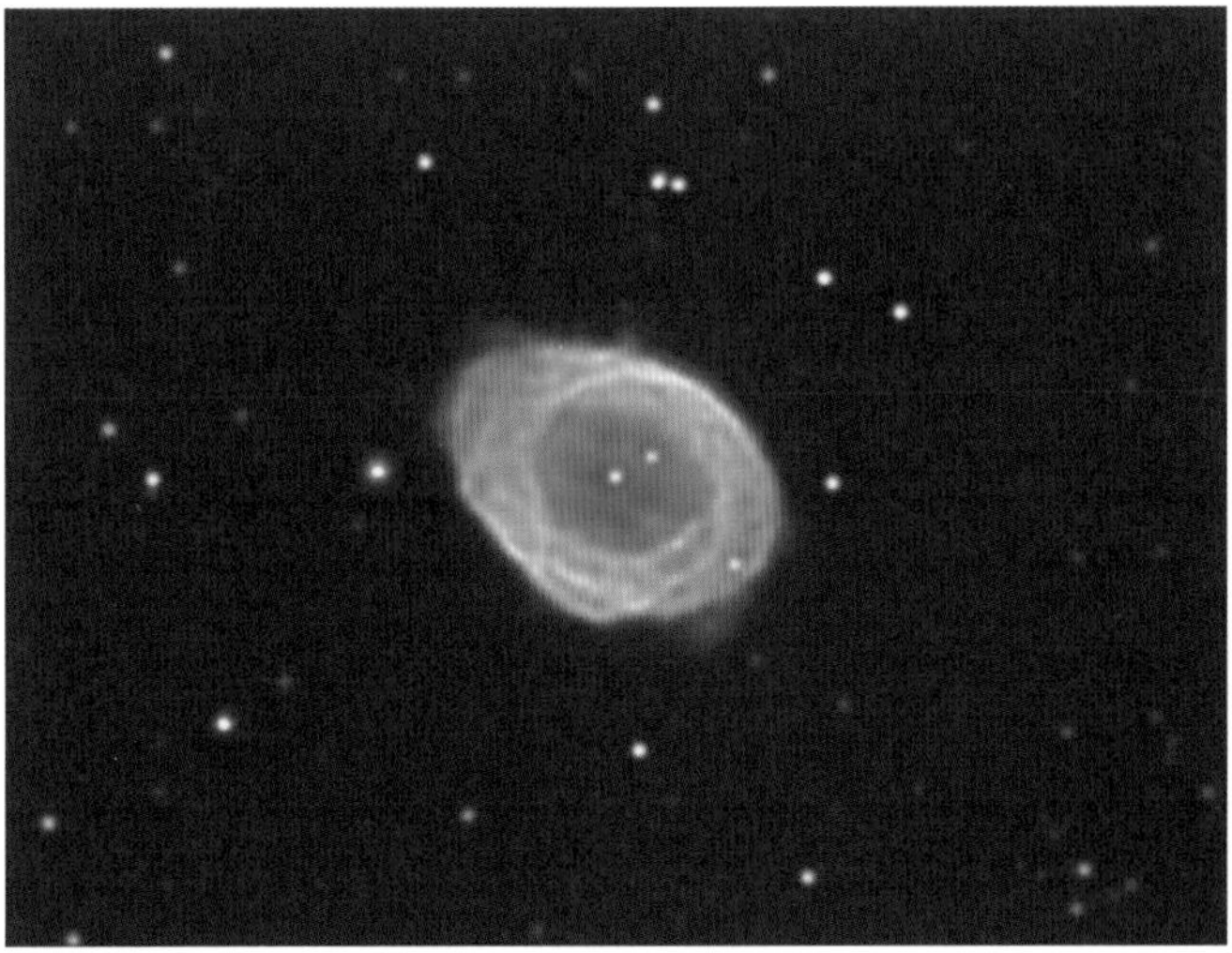

図3-3　惑星状星雲 M57
提供：国立天文台

Q4　星の最後はどうなるの？（超新星爆発）

太陽の8倍より重い星は違う進化をします。中心に重い元素が主成分の核、そのまわりに元素が核融合反応を起こしている殻、外層は大膨張して希薄な領域を持つ、大きな半径の星「赤色超巨星」となるのは軽い星と同様です。ところが、中心核も核融合反応はどんどん進みます。太陽の10倍程度の質量の星ならこの中心核は重いので中心部ではいろいろな元素の原子核が電子を取り込んでしまう反応が始まります。縮退によって万有引力を支えるはずの電子の数が減ってしまうので、やがて爆発的に速く収縮「爆縮」するようになります。この時、ニュートリノとよばれる微粒子が大量に放出されます。ニュートリノは他の物質にほとんどぶつからない性質をもつので、ほとんどは、周りの物質をすり抜けて宇宙空間に放たれます。しかし、ある程度は周りの粒子と衝突して周りの粒子も宇宙空間に吹き飛ばします。この現象を超新星爆発とよびます。

もっと重くなると、中心核ではさらに核融合反応が進み、最終的には鉄ができるまで進みます。鉄は実はそれ以上核融合反応を起こしません。やがて、逆に鉄はヘリウムと中性子に、そしてヘリウムは陽子と中性子に分解する反応が起こります。さらには、陽子は電子を捕獲して、中性子に変わる反応を起こします。これらの反応はエネルギーを吸収する反応なので、エネルギーがなくなり、一挙に収縮してしまう「爆縮」を起こします。この時、やはり、大量のニュートリノを放出します。そのニュートリノは、宇宙空間にばら撒かれるとともに、外側の粒子とぶつかり、外側の粒子も宇宙空間にばらまかれます。これも超新星爆発です。

　さて、爆縮している中心核はどうでしょうか。軽い星の場合は、電子の縮退圧で支える白色矮星になりましたが、電子の縮退で支えられる力には限界があります。電子の縮退で支えられない場合でも、陽子や中性子も同じように、「パウリの排他律」に従いますので、爆縮の時は、たくさん作られた中性子の縮退による反発力で、爆縮がとまり、核は中性子でできた中性子星となる場合があります。もっと重い星では、中性子の縮退の反発力でも爆縮は支えられなくなります。そうすると、あとは、何も爆縮を支える力（万有引力に反発する力）が無いので「ブラックホール」になってしまいます。

図3-4　超新星1987A。右が爆発前で、左が爆発して明るく輝いている

Q5　超新星はどれくらい明るい？（昔の記録）

超新星は漢字では「超」のつく新しい星ですが、実は新しい星ではなくて、今まであった星が一生を終えて起こす大爆発です。この時には、数日のうちに一挙に100億倍程度も明るくなり、数ヶ月くらいかけて徐々に暗くなっていきます。まさに、星の華々しい終末です。

私たちから見ると、夜空に明るい星が現れるので、超新星とよばれたのでしょう。なお、もう少し小規模で、星の終末ではなく星が突然明るくなる「新星」とよばれる現象もあります。超新星爆発は昔からいろいろ注目を浴びていたようです。例えば、ケプラーの法則で有名な、ヨハネス・ケプラーは1604年に超新星爆発を観測しています。また、ケプラーの師匠にあたるティコ・ブラーエも1572年の超新星爆発を観測していいます。超新星は、私たちの銀河系の中では、百年間に数個程度出現すると言われていますが、随分ばらつきがあるようです。カシオペア座Aとよばれる超新星の残骸がおよそ330年前の爆発の残骸で、ケプラーの観測した超新星から100年以内に発生しているようですが、それ以降の爆発はほとんど知られていません。なお、G1.9+0.3とよばれる名前の超新星の残骸はおよそ150年よりも最近の爆発であるという報告はあります。

超新星の出現の記録は、日本をはじめ各地に残されています。『小倉百人一首』の編者として有名な藤原定家は、『明月記』という日記風の随筆の中に（図3-5）、いくつかの突然夜空に現れた天体を「客星《きゃくせい》」と称して記録しています。その中の3つが超新星と考えられています。1006年の客星は半月くらいの明るさで「大客星」と表現されていますから、とんでもない明るさだったのでしょうね。１０５４年の「客星」は「大きさ歳星（木星）のゴトシ」とあるので木星の明るい時ぐらいだったのでしょう。同じ客星についての中国の『宋史』の記録では、明るい時は昼の間も見えていたそうです。また、１１８１年の超新星は明るさの記述は無いそうです。これら３つの客星は、現代では、超新星残骸として、Ｘ線や電波で輝いており、ＳＮ１００６、Ｍ１（かに星雲）、３Ｃ５８という名前でよばれています。

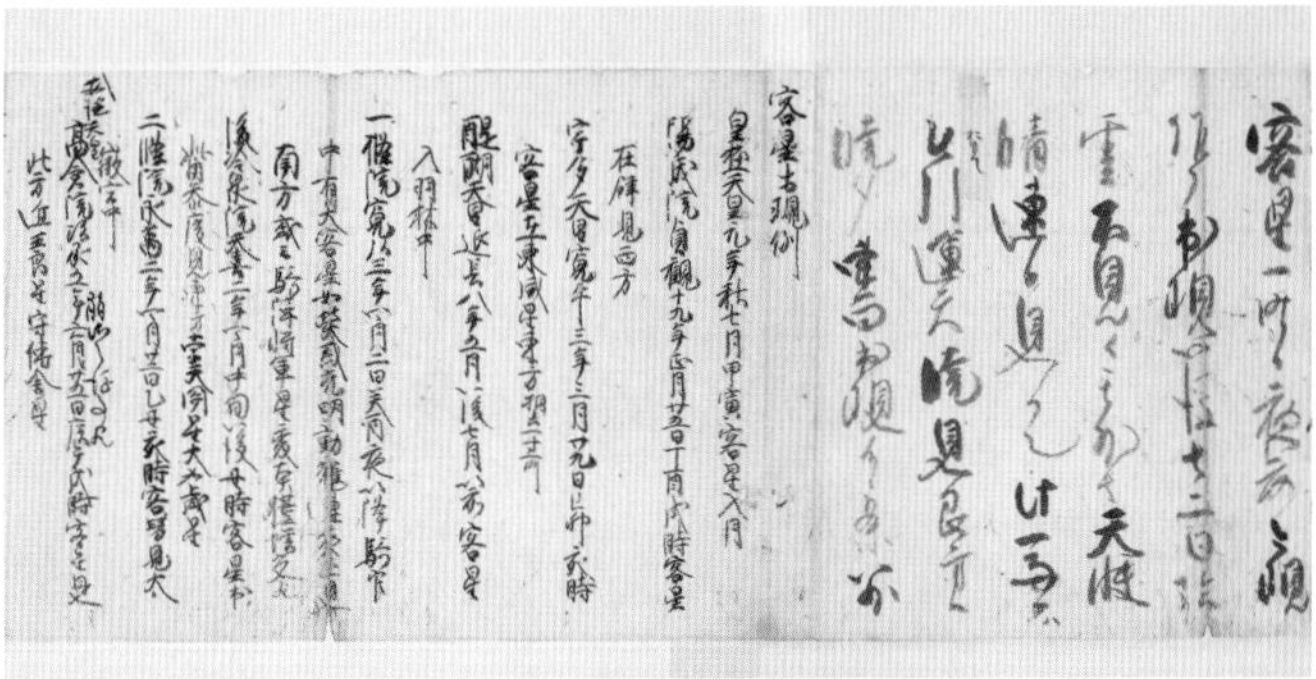

図3-5　「明月記」の客星の記録
所蔵：公益財団法人 冷泉家時雨亭文庫

Q6 超新星はどれくらい明るい？（現代）

私たちの銀河系に限らなければ、1987年に、私たちの銀河系のお隣にある大マゼラン雲で起こった超新星1987Aが有名です。1987Aは色々な望遠鏡で天体観測できるようになって以来、比較的近くで起こった唯一の超新星です。この超新星からのニュートリノを日本の岐阜県神岡にある装置「カミオカンデ」で捉え、2002年に小柴昌俊先生がノーベル物理学賞を受賞しました。大マゼラン雲は爆発前にも多くの詳細な観測がされており、どの星が超新星爆発したのかも突き止めることができました。その結果、超新星爆発の研究がかなり進展しました。また、今も可視光ばかりでなく電波やX線も発していて、観測が続けられています（図3-6）。

超新星は、見かけ上ではなく、実際はどれほど明るくなるのでしょうか。実は超新星にはいくつか種類があります。何らかの理由で、白色矮星に物質が降り積もり、限界質量を超えてしまった時に生じる超新星爆発（Type Ia型）ですと、絶対等級はマイナス19等に達します。太陽は4・83等なので、約24等級の差があります。5等級で100倍の明るさの違いなので、Type Ia型の超新星は太陽のおよそ50億倍の明るさです。その他のタイプだと、様々な種類があるのですが、マイナス17等級からマイナス21等級ですから、太陽の5億倍から200億倍ということになります。私たちの銀河系はおよそ1000億個の星があるので、明るい超新星では1つの銀河に近いほどの明るさになります。

超新星は、可視光で光るエネルギーより多くのエネルギーを、高速の粒子やニュートリノとして放出します。そのエネルギーは、太陽が誕生してからこれまでに放射したエネルギーの数倍から数十倍にのぼります。さらに、極超新星（ハイパーノバ）とよばれる現象があることが最近の研究で分かってきました。この、極超新星は超新星のさらに10倍ほどたくさんのエネルギーを出す現象です。非常に重い星の爆発と考えらえており、またガンマ線などが多く放出する現象であるガンマ線バーストと関係していると考えられていますが、これからの研究の進展が待たれます。

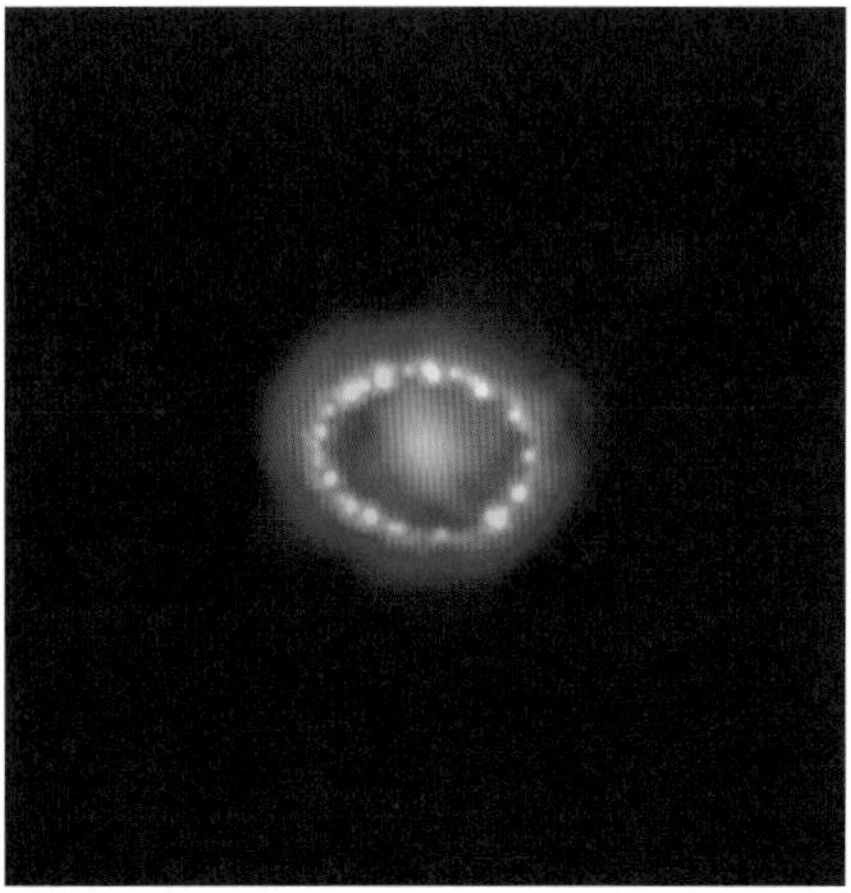

図3-6　爆発30年後の超新星1987A。アルマ望遠鏡による電波（中心あたりの赤）、ハッブル宇宙望遠鏡による可視光（青）、チャンドラ衛星によるＸ線（外周部の赤）で撮像した像の重ね合わせ。

Q7 天の川とは何ですか？

皆さんは天の川（図3-7）を見たことがあるでしょうか。月の出ていない、晴れた夜空、特に夏の夜半前の夜空が良いです。南から北に渡ってぼんやり淡く光る雲のように見えます。ただし、都会にいると、人工の光が明るすぎて見えません。山や海のような人工の光がほとんど見えないところに出かけた時、是非、夜空を眺めて天の川を探してみてください。なお、月が出ていると、天の川はほとんど見えないので、月が何時ごろにどのような形で見えるのか、また、天の川が夜空でどの方向にどのように見えるのかも予習しておく必要があります。初めて天の川を見てもなかなか分からないかもしれないので、良く知っている人に教えてもらうと良いです。

さて、この天の川は七夕のお話でもあるように、昔の人には不思議な、またロマンチックなものだったのでしょう。その天の川に天体望遠鏡を初めて向けたのはガリレオ・ガリレイです。ガリレオ・ガリレイは望遠鏡による天体観測で知ったいろいろな発見を『星界の報告』という著者に記録しました。その中に、天の川はたくさんの星の集まりである事が記録されています。

では、どうして川のように見えるのでしょうか。川といっても、幅の広いところ、濃く見えるところや薄いところがあります。特に夏の夜半前の南の空、射手座の方向は、割と広く濃く見えます。単純な帯では無いようです。実は、天の川は私たち太陽系が属している、多くの星などの大集団なのです。この集団は大雑把には、真ん中が膨らんだ円盤状の形をしています。私たちの太陽系は、この集団のわりと端の方に存在しています。円盤状をしているので、円盤の板の厚み方向に存在する星は数が少ないのですが、円盤の板に沿った方向には、多くの星などが存在します。また、私たち太陽系から円盤の真ん中方向、射手座の方向を見た場合、最も多くの星が存在するため、天の川が濃く太く見えます。

この天の川、私たちの住んでいる太陽系が属する星の大集団を、「銀河系」または「天の川銀河」とよびます。同じような星の大集団が、銀河系の外にもあり、それらは、「系外銀河」とよびます。銀河系の外にある銀河は色々な形のものがあります。その形を知り、研究することで、私たちの銀河系の形も推定できるのです。

図3-7 ハワイにあるすばる望遠鏡と天の川
提供：国立天文台

Q8　私たちの銀河系はどんなものでできているのですか？

私たちの銀河系は、大雑把には真ん中が膨らんだ円盤状の星の大集団です。恒星の数はおよそ1000億個とか2000億個ぐらいと推定されています。また、恒星と恒星の間には主に水素の原子（星間ガス）が、およそ1㎤あたり数個、また、大きさが0・01μmから10μm程度の塵（星間塵）が、1㎥あたり1個程度存在します。星間塵の重さは星間ガスの1％程度です。これらの星間ガスと星間塵の重さの合計は恒星の重さの合計に比べると、およそ20分の1と2000分の1で、恒星が圧倒的に重いです。

しかし、私たちの銀河系が、ほとんど星でできていると考えるのは、実は大間違いです。恒星は、銀河系の中心の周りを回転しています。それぞれの恒星は、銀河系内でその恒星よりも内側にある物との引力（万有引力）により引っ張り合う力が、回転して生じる遠心力と釣り合うように回転しています。したがって、恒星の回転の速さを測定することで、その星より内側から、どれくらい強い万有引力で引っ張られているか調べることができます。私たちの銀河系でも、恒星等の回転の速さを測定することで、万有引力の強さを調べられてきました。その結果、万有引力の元は、星があまりないはずの、太陽系より外側にも大量に存在することが分かりました。また、それがどこまで続いているのか、いまだはっきりしませんが、銀河系全体の星の質量の数倍か10倍以上はあると推定されています。この星として見えていない質量は、見えないけれど万有引力をもつ物質「暗黒物質」です。恒星よりも「暗黒物質」の方がたくさんあるということです。暗黒物質の正体は、未だ分かっていません。

もう1つ、私たちの銀河系を構成する重要な物があります。私たちの銀河系の中心近くの恒星の運動、銀河系の中心を回転する運動が詳細に測定されました（図3-8）。その結果、私たちの銀河系の中心の太陽と地球の距離の１２４倍の半径の中に、太陽の数百万倍の質量が存在することが分かりました。こんな小さな場所にこんな重い質量が存在するなら、これは恒星や恒星の集まりであるはずがないので、巨大なブラックホールであると結論できます。この観測を発表したラインハルト・ゲンツェル博士とアンドレア・ゲズ博士は、２０２０年度のノーベル物理学賞を受賞しました。

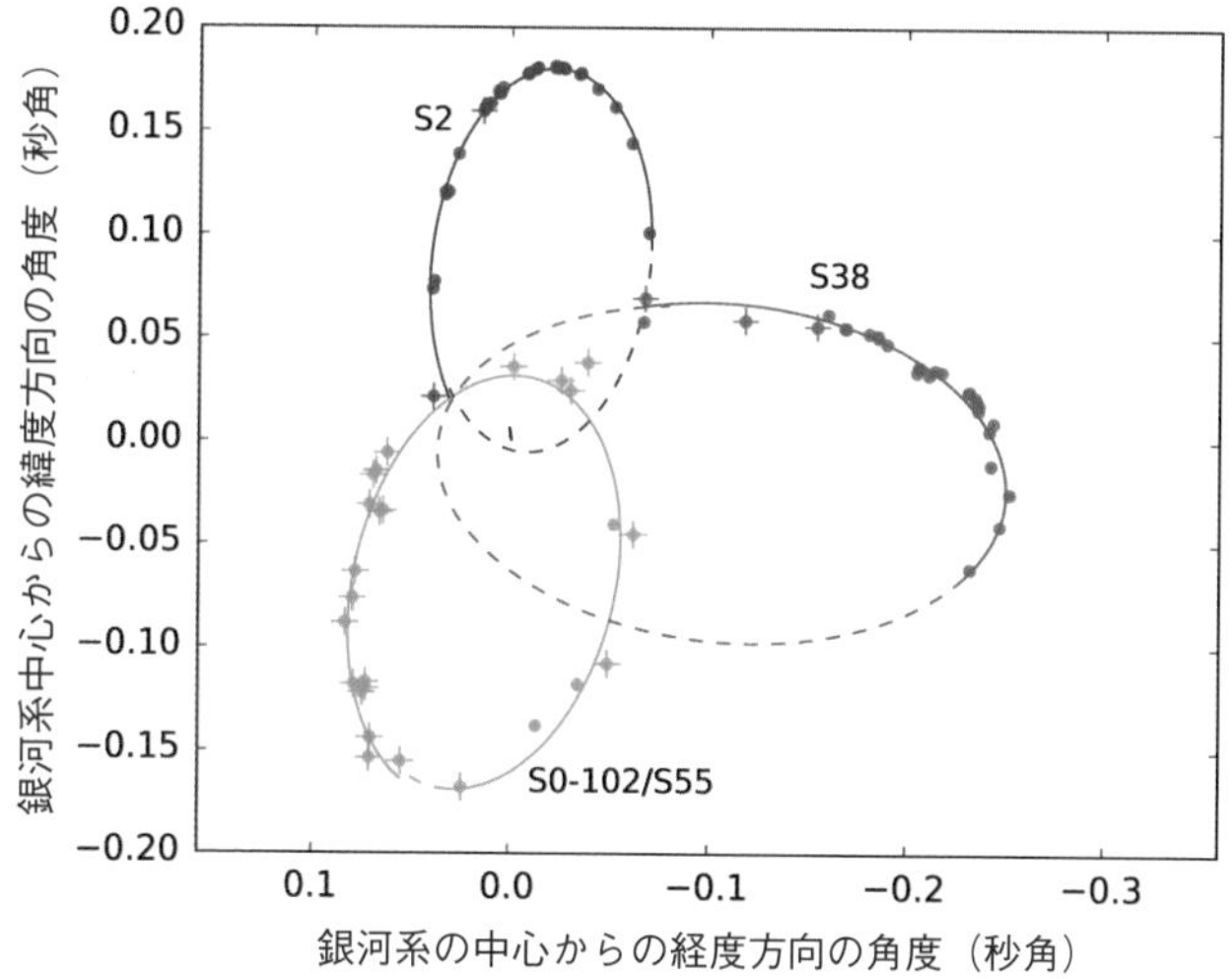

図3-8　銀河系の中心近くの恒星の運動

Q9　私たちの銀河系の大きさはどれくらいですか？

私たちの住む銀河系の大きさを決めることは大変難しいです。なにしろ、私たちはその中に住んでいるのですから、外から全体像を観測することはできません。ガリレオ・ガリレイが天の川がたくさんの星の集まりであることを発見して以来、この集まりは何なのか、どんな大きさでどんな形をしているのか、なかなか分かりませんでした。そもそも、星の距離を決めるのも大変難しいのです。地球が1年間かけて太陽の周りを公転することで星の見える方向が変わる（年周視差）ことを利用して、距離を測定することが最も間違いなく測定できる方法ですが、この方法で測定できるのは、人工衛星等での観測が始まるまでは、太陽近傍のほんのわずかな星々だけでした。

20世紀の初期まで、いろいろな人が観測して銀河系のモデルを考えました。その中でオランダの天文学者ヤン・オールトは多くの星の運動を調べ、地球から見える方向の違いによって、地球に向かう、あるいは離れる速さが異なること、そして、その速さは、星が銀河系の中心周りに回転していることが原因であると仮定すれば、大変うまく説明できること、さらにその仮定の下に銀河系の中心の方向と、中心までの距離をおよそ2万光年と推定しました。現在では、2万6千～2万8千光年と考えられているので、大変精度の高い推定でした。

特殊な変光星や星の性質を調べることで、星の絶対等級を推定することができるようになると、実際に見える明るさから、多くの星の距離も推定できるようになりました。そして、星の分布を距離まで含めて決めることで、私たちの住む銀河系の大きさや形が推定されました。銀河系の円盤状の領域の半径は、およそ5万光年、中心にある膨らみ（バルジとよびます）は、長い方向の半径で6千光年程度です（図3-9）。また、球状星団の分布を調べてみると、球状星団は円盤を包むように半径およそ10～15万光年の球状に散らばって分布しています。この球状の部分をハローとよびます。さらに、星の運動で調べた質量分布やお隣の大マゼラン雲や、小マゼラン雲の運動を説明するには、ハローは半径30万光年にまで続き、銀河系の質量の大半を担っていると考えられています。

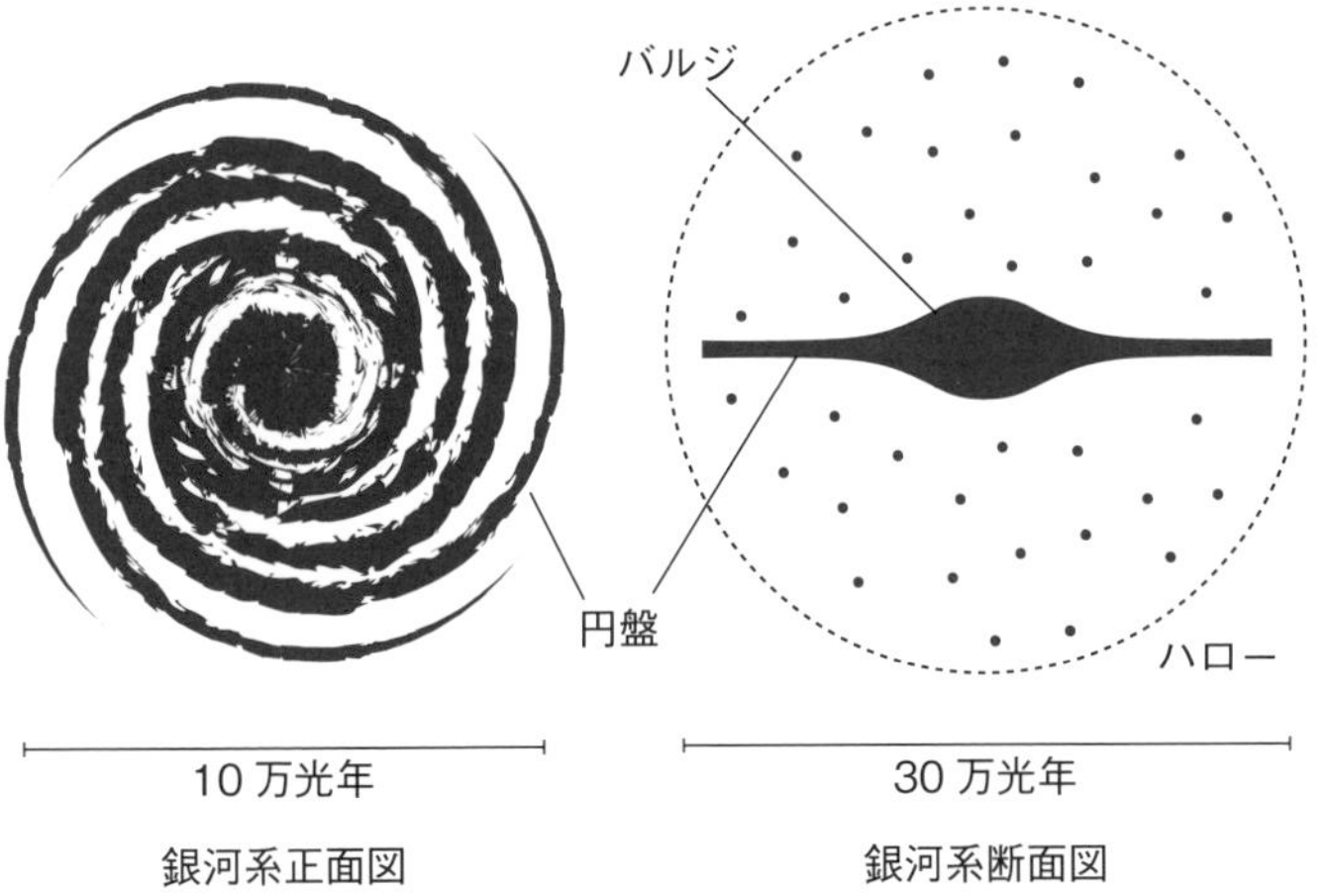

図3-9　私たちの銀河系の想像図

Q10　宇宙には地図があるの？番地がついているの？（赤道座標）

宇宙には番地がついています。しかも、様々な種類があって、場合によって使い分けています。

宇宙の地図を説明する前に、地球儀を思い出してください。地球には赤道と北極と南極があります。地球の中心を通り北極と南極を結ぶ線は、地球が自転している軸（自転軸）です。そして赤道は地球の中心を通り自転軸が垂直となる面で地球を切った時に表面にできる線です。地球儀には緯度と経度の線が書かれています。緯度は赤道が0度、北極点が北緯90度、南極点が南緯90度です。一方、北極と南極を繋ぐ軸周りに経度が決められます。でも、この軸周りでは特にどこも特別な位置がないので、ロンドンにあるグリニッジ天文台と北極と南極とを繋ぐ線を経度0度と決めました。そして東側180度までは東経、西側180度までは西経とよびます。

宇宙でよく使われる地図は赤道座標です（図3-10）。これは、地球の北緯、南緯をそのまま宇宙に投影して赤緯とします。しかし、北緯側をプラス、南緯側をマイナスで表します。なお、地球の赤道もそのまま宇宙に投影して天の赤道、北極と南極も宇宙に投影して、天の北極、天の南極とよびます。

しかし、経度に対応する赤経は東経や西経をそのまま使うことはできません。というのも、地球は自転しているので地球の経度0度を宇宙に投影しても、時間により、季節により、星との位置関係が変わってしまい、星の番地を決めることができません。そこで、春分の日に太陽が見える方向（春分の日は、太陽は天の赤道上にあるので緯度は0度です）を経度0度と決めました。そして、東周りに経度を測ります。なお、経度は多くの場合、360度を24時で表して、何時何分何秒という数字で角度を表すことが多いです。

しかし、赤経0（0時）、赤緯0度の春分の日に太陽がある場所は年とともに変化します。それで赤道座標を表す時は、何年を基準にした赤道座標であるのか明確にしなければいけません。そこで西暦2000年を基準にした座標の場合は、2000年分点の赤道座標といいます。古い文献等では1950年が基準（1950年分点）の赤道座標が使われている場合も多くありますので注意が必要です。

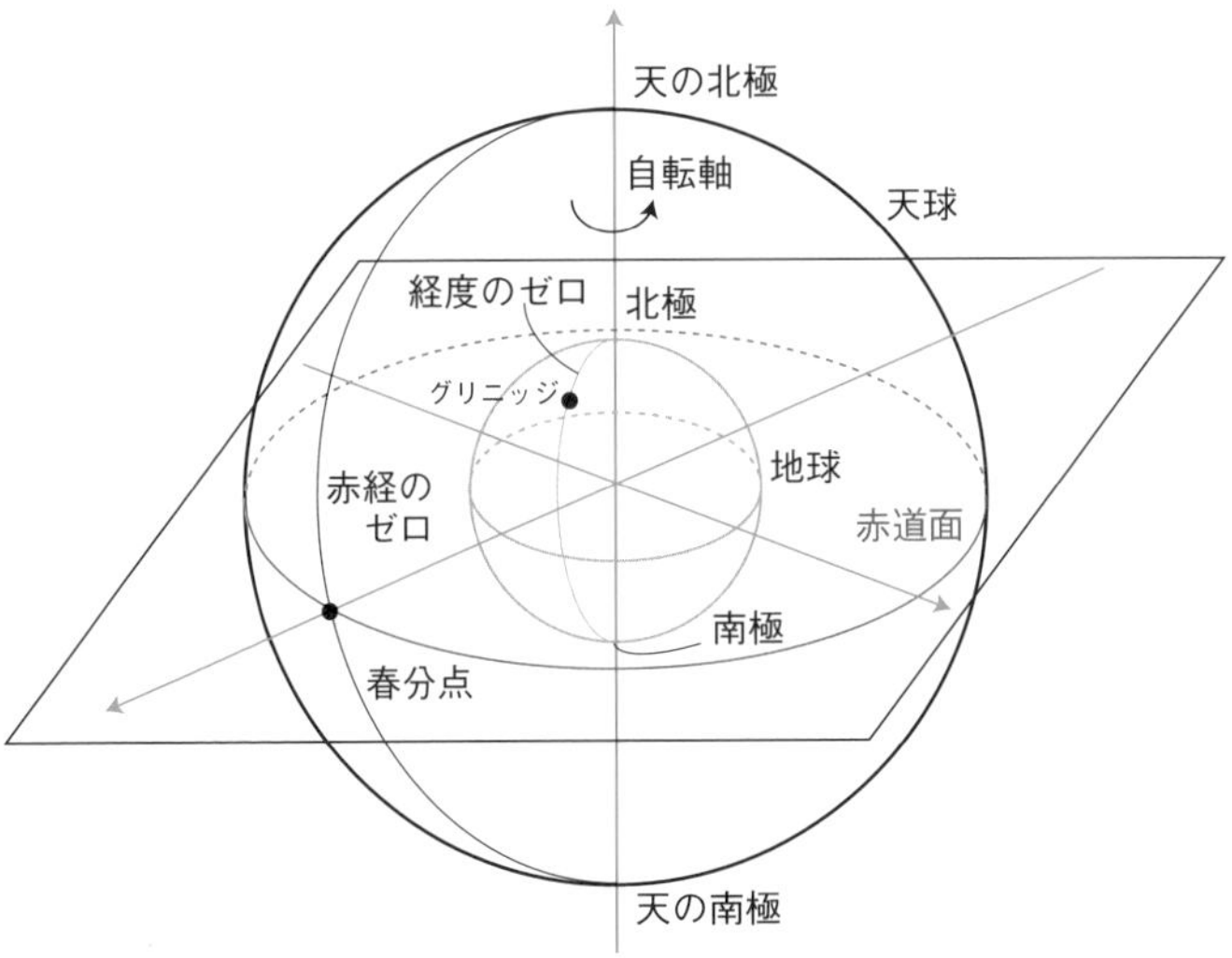

図3-10 赤道座標と地球

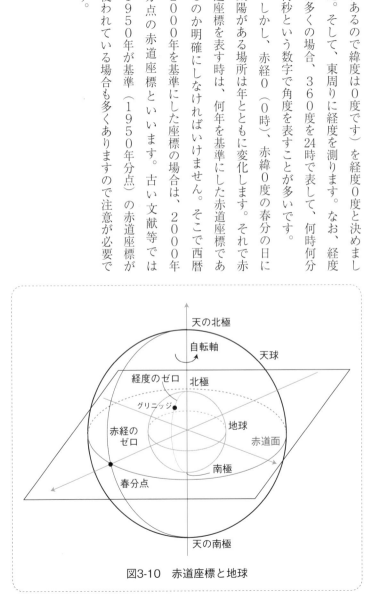

Q11 宇宙には地図があるの？　番地がついているの？（銀河座標）

赤道座標は天文学では一般的に使われる宇宙の地図です。ある天体を赤道座標で表すと、何月何日の何時頃、その天体がどちらの方向に見えるのか知ることができ、星を観測する時に便利なようにできた座標です。

ところが、全天の星空を赤道座標で書いた地図を見てみるとどうでしょうか（図3-11①）。全体に波打ったぼやっと光る線が見えます。これは、天の川、すなわち、私たちの銀河系です。私たちの銀河系がこんなに曲がっているわけではありません。これは、地図の書き方が悪いのです。地球儀ならぬ天球儀というものがあります。私たち地球を中心にして、星空を球状に表したものです。そうすると、天の川は球の表面に大円を描くように分布します。そこで、天の川の大円が赤道に変わるように地図を作り直し、それを銀河座標とよびます。私たちの銀河系の形を基準にした地図です。欧州宇宙機関（ＥＳＡ）のガイア衛星で決めた星の位置を銀河座標の地図上に書くと、ちょうど、赤道だったところに天の川が横たわるように書くことができます（図3-11②）。なお、地図の書き方は色々ありますが、「ガイア」の地図はハンマー図法で書かれています。銀河座標では、緯度と経度のことを、銀経、銀緯とよびます。銀緯０度は天の川に沿っての大円で、垂直方向が私たちの銀河系の円盤と垂直な方向で、北側90度を銀河北極（あるいは北銀極）、南側90度を銀河南極（あるいは南銀極）とよびます。銀河北極や銀河南極では星の数は少なく、銀河系の外の世界が見やすくなっています。銀経０度は私たちの銀河系の中心方向、私たちの銀河系の中心にある超大質量ブラックホールと考えられているいて座

A*の方向と定められており、北から見て反時計回りに角度が増える方向に経度が定められています。銀経、銀緯はどちらも小数点のついた度で表すことが多いです。例えば、ブラックホール候補天体はくちょう座X-1は、銀経71・335度、銀緯3・067度です。ちなみに赤道座標では赤経19時58分21・68秒、赤緯+35度12分5・8秒です。

赤道座標や銀河座標以外にも、太陽の動きを基準にした黄道座標や、私たちの銀河系の近傍の銀河まで含めて表す時に便利な超銀河座標というのもあります。

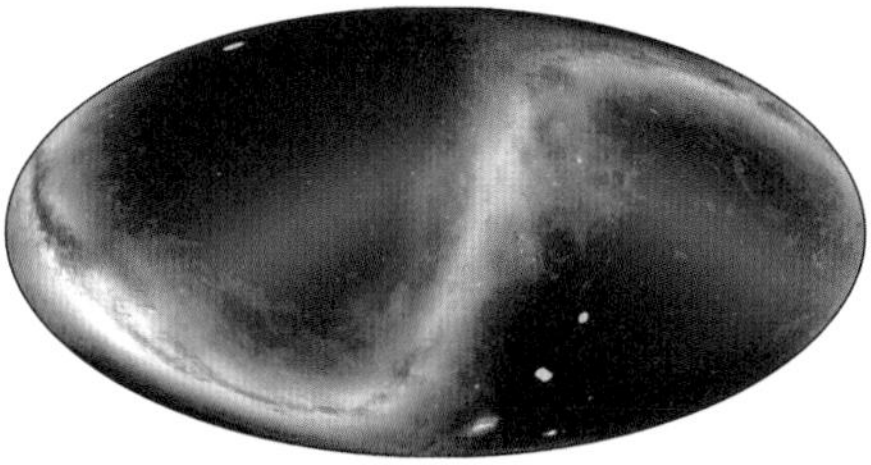

図3-11①　ユークリッド衛星が観測しようと計画している領域を赤道座標で書いた全体図

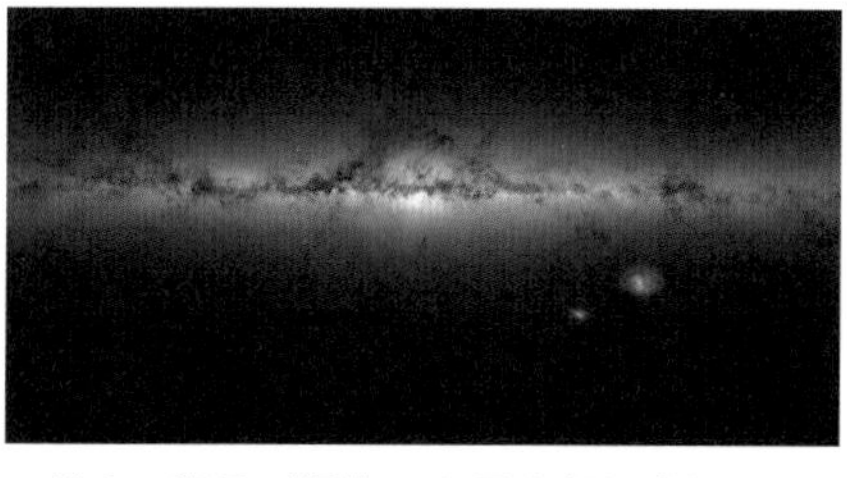

図3-11②　ガイア衛星が撮像した星を銀河座標で示した全体図

第４章　銀河と銀河団、大規模構造

Q1　アンドロメダ銀河とは何ですか?

月のない晴れた秋の夜空のアンドロメダ座のとある場所を見ると、ボヤッと光る雲のようなものが見えます。双眼鏡等で観察すると、形が楕円であることも分かります。天体写真集などには必ずのっているアンドロメダ銀河です(図4-1)。

望遠鏡で夜空を観測すると、アンドロメダ銀河ほど大きく明るくないですが、小さな淡くボヤッと光る天体がいくつもあります。フランスのシャルル・メシエは、彗星の探索をしていたことで有名です。彗星といえば尻尾をもつほうき星ですが、太陽から遠い場所にいる間は尻尾もなく、淡くボヤッ光る天体です。彗星探索者にとって、彗星ではないボヤッと光る雲のような天体は紛らわしくて邪魔です。そこで、メシエは、そのような天体が存在する場所のカタログ「メシエカタログ」を作りました。そこには、色々な種類の天体がカタログされていますが、アンドロメダ銀河と同じ種類の天体も多く含まれています。アンドロメダ銀河は31番目にのっているのでメシエ31(M31)とよばれます。

アンドロメダ銀河を含めて、このボヤッと光る天体が何であるのか、なかなか分からなかったそうです。そもそも、私たちの住む銀河系内の天体か、外の天体か分からなかったのです。20世紀になってエドウィン・ハッブルがアンドロメダ銀河を含め、いくつかのボヤッと光る天体を恒星に分解し、変光周期が分かれば星の明るさ(絶対等級)も分かる変光星「セファイド型変光星」を発見して、アンドロメダ銀河までの距離を推定しました。その結果、それまで知られて研究が進んでいる星々の距離に比べて圧倒的に遠くの、およそ70万光年という結果を導きました。なお、後にさらに約3・6倍遠くのおよそ250万光年と修正されます。また、同時に私たちの住む銀河系の大きさや形も明らかにされていったのです。そして、アンドロメダ銀河は私たちの銀河系と同じ程度の大きさであることも分かりました。私たちの住む銀河系と同じような天体が夜空のあちこちにあるということが分かったのです。

図4-1　アンドロメダ銀河（M31）
提供：国立天文台

Q2　銀河はどんな形をしていますか？

私たちの住む銀河系やアンドロメダ銀河は、渦巻の腕をもつ、真ん中が膨らんだ円盤状の形です。また、私たちの銀河系の真ん中の膨らみ（バルジ）は棒状の形をしていることも観測から分かってきました。棒状のバルジをもつ円盤状の銀河を棒渦巻銀河とよびます。アンドロメダ銀河のバルジは棒状とは認識されていませんので、単純に渦巻銀河とよびます。この渦巻き銀河と棒渦巻銀河を合わせて、円盤銀河とよびます。三角座にあるM33（図4-2左上）は比較的正面から見える渦巻銀河で腕がよく見えます。また、M104（図4-2右上）は横から見た円盤銀河として有名です。円盤と真ん中のバルジがよく見えます。また、円盤に沿って光っていない筋があります。これは、円盤を横から見ると、チリやガスがたくさんあって星を見通せないために暗く見えるところで、ダークレーンとかダストレーンなどとよばれています。私たちの銀河と同じように棒状のバルジをもつ棒渦巻銀河の例としてNGC7479（図4-2左下）があります。棒の両端から腕が綺麗にたなびいています。

もっと違う形の銀河もあります。アンドロメダ銀河の写真を見ると近くに小さな銀河が付随しています。M110とM32です。これらは、楕円形でボヤッと光っていますが、渦巻や円盤が見えません。もっと分かりやすいのが、最近、中心に存在するブラックホールの画像が撮られたM87（図4-2右下）です。まん丸くボヤッと光っているだけです。なお、宇宙ジェットとよばれる中心からのびる細長い紐状の輝きは、ブラックホールに関連している現象です。これらは、円盤銀河に対して楕円銀河とよばれます。

さらに複雑な形をした銀河があります。特に小さい銀河は変な形のものが多いです。代表的なものは大マゼラン雲です。分類は難しいのですが、不規則銀河とよばれています。棒渦巻に分類されることもあるようです。また、不規則銀河の中には、明らかに２つの銀河がぶつかっている銀河も多くあります。Ａｒｐ２７４は衝突銀河として有名です。

図4-2　いろいろな形の銀河
(1) 真上から見た渦巻銀河 M33、(2) 真横から見た渦巻銀河 M104、(3) 棒渦巻銀河 NGC7479、(4) 楕円銀河 M87

Q3　銀河の大きさはどれくらいですか？

アンドロメダ銀河の半径はおよそ10〜13万光年と報告されています。しかし、明るさは当然外縁部ほど暗くなり、肉眼でも見えるほど明るく大きなアンドロメダ銀河でさえ、どこまで続いているのか決めるのが難しく、その大きさを決める事は容易ではありません。さらに、ハローとよばれる球状星団が分布する領域まで含めると、35万光年とか100万光年などと報告されており、何の大きさなのか、どうやって求めたのかにより全く違ってしまいます。

ここからは写真で見える半径について書きます。比較的小さな銀河で有名なのは、私たちの銀河系に付随した伴銀河の大マゼラン雲や小マゼラン雲です。どちらも半径およそ7500光年です。私たちの銀河系の円盤と比べておよそ7分の1です。同じように伴銀河であるしし座A（図4-3右）は、半径がおよそ4600光年しかありません。これらは矮小不規則銀河とよびます。アンドロメダ銀河にも楕円銀河のM110とM32が付随しています。M110は半径およそ7500光年で、M32の半径はおよそ4000光年です。これら小さな楕円銀河は比較的球状です。矮小楕円銀河や、矮小楕円体銀河に分類されます。矮小不規則銀河や矮小楕円銀河等をあわせて矮小銀河とよびます。矮小銀河は小さいのですが、たくさんあるので銀河の本質を知るには重要な天体です。

一方、いくつかの銀河団（銀河が集まった天体）の中心には、巨大な楕円銀河があります。おとめ座銀河団の中心に位置するＭ87（図4-3左）の半径は６万光年です。ペルセウス銀河団の中心に位置するＮＧＣ１２７５の半径はおよそ７・５万光年です。半径は私たちの銀河系やアンドロメダ座銀河とそんなに変わりませんが、これらは円盤銀河であるに対し、Ｍ87やＮＧＣ１２７５は楕円銀河ですので、その体積はかなり大きいでしょう。特に巨大なものとして報告されている楕円銀河はＩＣ１１０１とよばれる銀河です。Abell2029という銀河団の中心あたりに存在する銀河で、半径がおよそ17万光年です。ハローまで含めると、１００万光年とか２００万光年とか報告されています。

渦巻銀河で大きいものは、ＮＧＣ６８７２で長手方向半径およそ18万光年です。もちろんハローまで含めた大きさでは、もっと大きいでしょう。

図4-3　巨大銀河 M87と矮小銀河しし座 A
提供：国立天文台

Q4 銀河の質量はどれくらいですか?

銀河の質量を推定する方法の1つは、銀河の明るさから星の数を推定することです。太陽は標準的な星なので、銀河の明るさが太陽の何倍か分かれば、星の数もそれくらいあると思って、銀河内の星の総質量が推定できます。

この方法は、銀河が主に星でできているなら、大雑把には良さそうですが、そうはいかないことが分かっています。もちろん星ではないガスや塵もあるのですが、それらは大した影響はありません。実は、暗黒物質という得体のしれないものが、星の総質量の10倍はありそうだということが分かっているのです。

暗黒物質は見えないので、その質量の測定は大変難しいです。円盤銀河の場合、星たちは円盤面で銀河の中心の周りを回転しています。そして、回転している半径より内側の質量から引っ張られる万有引力と、回転していることで生じる遠心力が釣り合っているはずです。ですから、様々な半径で星の回転の速度を測定すれば、測定した半径より内側の質量を推定できます(図4-4)。観測から求めた回転速度を説明するためには、ある半径より遠くでは星の数が大きく減るにもかかわらず、半径に比例して質量は増加していることが分かりました。すなわち、星は減っても、重力源となる見えないもの(暗黒物質)は星の分布に比べて遠い半径まであまり減少せずに続いているのです。これが、銀河に暗黒物質が存在しているという根拠です。楕円銀河では円盤のような面は無いですが、星の動く速度を観測で調べると、同じように、ある半径より内側の質量を求めることができます。そして、やはり、星の分布よりも大きく暗黒物質が広がっていることが分かっています。しかしながら、円盤銀河にしても楕円銀河にしても、この観測は周辺の星の速度を測るので、そもそも難しいし、その周辺がどこまで続いているのか分からないので、銀河の質量の推定は大変難しいのです。

最近の見積もりでは、私たちの銀河系の質量は太陽のおよそ1・5兆倍と報告されています。これは他の銀河に比べて随分重い値ですが、観測が精密で周辺まで観測できるからでしょう。小さな銀河（矮小銀河）の質量は太陽の百万倍程度、重い楕円銀河のM87では太陽の2兆4千億倍程度と報告されています。

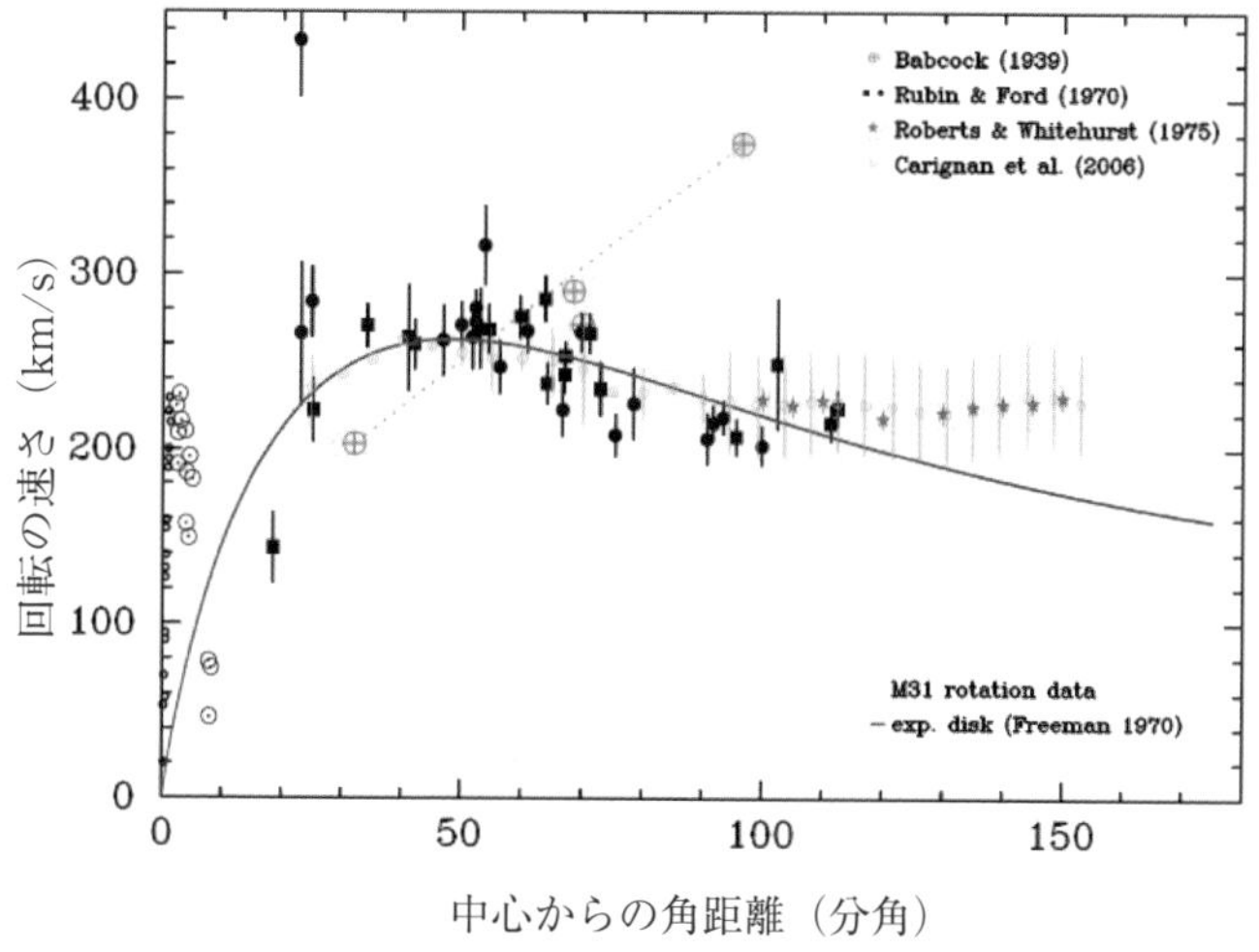

図4-4　アンドロメダ銀河（M31）の星の回転の速さ

Q5　銀河と銀河の間隔はどれくらいですか？

私たちの銀河系のお隣のアンドロメダ銀河までの距離はおよそ250万光年です。随分遠いですね。でもちょっと見方を変えて見ましょう。随分遠いというのは、例えば太陽までの距離に比べて随分遠いという意味ですよね。銀河間の距離の話をしているのだから、銀河の大きさと比べて見ましょう。私たちの銀河系の半径はおよそ5万光年です。アンドロメダ座銀河までの距離はその50倍です。私たちの近所の星はどうでしょうか。太陽に最も近い星、ケンタウルス座アルファ星までの距離は4・2光年です。メートルで書くとおよそ4億mの1億倍です。一方、太陽の半径はおよそ7億mですので、隣の星までは太陽の半径の5千8百万倍です。全然違いますね。このような見方をすると銀河と銀河の間隔は、星と星の間隔に比べて随分近いと解釈できます。私たちの銀河の近くには、小さな銀河まで含めると、アンドロメダ座銀河より近くにも多くの銀河があります。有名なものは、大小マゼラン雲です。大マゼラン雲までの距離はおよそ15万光年で、銀河系の半径の5万光年の3倍しかありません。

天体写真集で銀河の写真を見ると、複数の銀河が同じ写真に映っていることがよくあります。有名なセイファートの6つ子銀河（図4-5①）では、それぞれの銀河の大きさと間隔は同じぐらいであり、衝突しているようにさえ見えます。実際、衝突している銀河は多くあります。典型的なものは、アンテナ銀河（図4-5②）の名前で有名なNGC4038とNGC4039です。衝突したために、腕が長く伸びてしまっています。

私たちの銀河系も、約45億年後にはアンドロメダ銀河と衝突する予定です。どうなってしまうのでしょうか。星と星の間隔は星の半径に比べて大変に大きいので、実は私たちの太陽、あるいは太陽系は、アンドロメダ銀河の星たちとはおそらくぶつかることもなく、壊れたりはしないと推定できます。しかしながら、私たちの銀河系内のガスと、アンドロメダ銀河のガスはぶつかるでしょうから、夜空ではいろんな現象がおこるでしょう。また、太陽そして、太陽系はぶつかって壊れたりしないけど、銀河を回る軌道が変化したりして、大きな影響を受けることは確かと思われます。

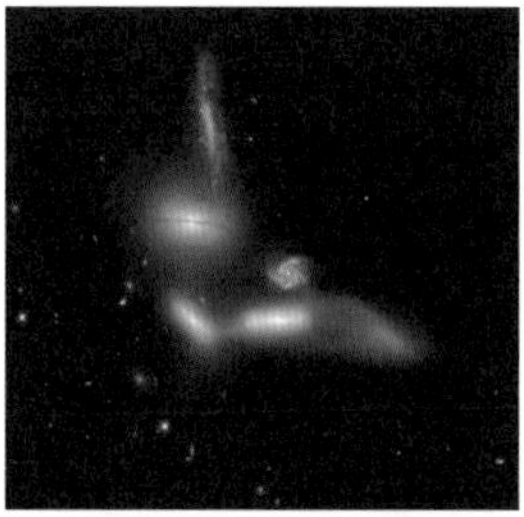

図4-5①　セイファートの６つ子銀河

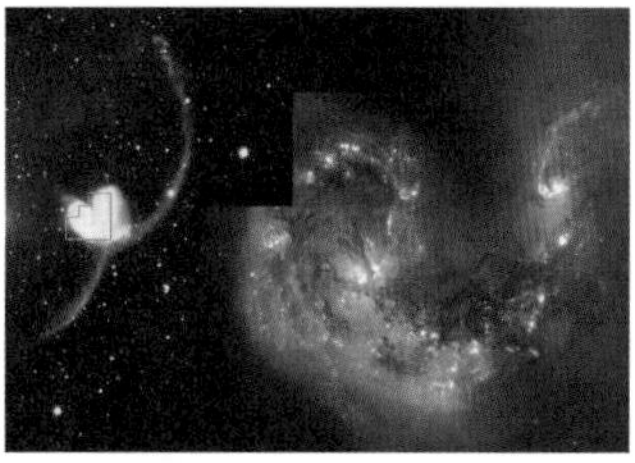

図4-5②　アンテナ銀河

Q6 銀河の中で変わった種類を教えてください

衝突によって面白い形をしているものの1つが、前章で書いたアンテナ銀河です。その他に「ホーグの天体」とよばれる銀河（図4-6①）は、衝突が原因で環状に星形成が誘発されています。原因はともかく、大規模な星形成を起こしている銀河を「スターバースト銀河（爆発的星形成銀河または、爆発的星生成銀河）」とよびます。M82（図4-6②）はよく知られたスターバースト銀河です。可視光で見ると綺麗な細長い姿ですが、中心が何やら複雑で大規模な星形成が進行中です。X線や電波で見ると、中心部から、電離したガスが噴き出していることが分かります。普通の渦巻銀河に比べて星形成の頻度が10倍から100倍程度厳しいそうです。

さて、銀河の中で、中心部が異常に明るい銀河があります。セイファート銀河とよばれるものがその一種です。多くは渦巻銀河で、中心部が異常に明るく、波長分解した明るさ分布（スペクトル）を観測すると、特別な波長だけ明るい輝線を示す銀河たちです。1943年にカール・セイファートがそのような天体の特徴をまとめて報告しています。クェーサーとよばれる天体があります。1950年代に電波源として発見され、可視光望遠鏡で見ると、当時は恒星のように点状にしか観測できず、謎の天体でした。そのため準恒星状天体（Quasistellar Object）とよばれました。その後研究が進み、この種の天体は、非常に遠くにあるために、異常に明るい中心部だけしか見えていない銀河であることが分かりました。クェーサーのエネルギー放出量は私たちの銀河に比べて、平均的には一万倍、明るいものでは100万倍あります。なお、セイファート銀河の中心核の明るさは私たちの銀河系全体と同程度です。これら、クェーサーやセイファート銀河の中心核をはじめとした、明るい活動的な中心核を「活動銀河核」とよびます。

「活動銀河核」の正体は何でしょうか。実は、これら活動銀河核には太陽の数百万倍から1兆倍の質量をもつブラックホールが鎮座していて、そこに、1年間に太陽の数個から数十個に相当する物質が落ち込んでいるために、大きなエネルギーを発していると考えられています。同時に宇宙ジェット等のダイナミックな現象を示すものもたくさんあります。

図4-6① ホーグの天体

図4-6 M82

Q7　銀河はバラバラに存在するのですか？

いくつかの銀河と銀河の間の距離は、銀河の大きさに比べると数倍とか数十倍しか離れていなくて、中には、ぶつかっているものもあります。宇宙全体を見回すと、どこでもそのような間隔で銀河が存在するわけではありません。銀河も群れを作る傾向があります。銀河が集まった天体を銀河団や銀河群とよびます。有名なものは、かみのけ座銀河団（図4-7）です。かみのけ座は、私たちの銀河系の円盤の面（ちょうど天の川が作る面）から垂直な方向にあるので星が少なく、その代わり、私たちの銀河系の外を観測するには都合が良いのです。銀河団は、銀河が単に集まっているのではなくて、銀河は万有引力で束縛され、その形を保っている天体です。束縛されているという意味は、そのままほったらかしても、バラバラにならないという意味です。束縛されていなくて、たまたま集まっているだけで、またいずれバラバラになるのなら、それは、天体とよぶにはふさわしくありません。銀河団は宇宙最大の天体です。

さて、銀河の質量を測るのと同じように、個々の銀河の運動を調べることでその銀河を引きつけている万有引力の大きさを推定することができます。多くの銀河を束縛している万有引力の源は、実は銀河たち同士ではありません。銀河たち同士では、引っ張る力が全然足りないのです。銀河団をX線で観測すると、数億度という高温のガスが銀河と一緒に集まっていることが分かります。銀河間ガス、あるいは銀河団ガスです。この高温ガスの全質量は、実は全銀河の質量の数倍あることが観測から分かっています。銀河団というより、高温ガスの塊だったのです。しかし、この高温ガスの量でも銀河を束縛したり、高温ガス自体を束縛するには質量が足りません。やはり、銀河団も未知の暗黒物質が銀河の数倍から10倍程度存在する必要があるのです。銀河団というより、高温ガスの塊、というより、やはり暗黒物質の塊でした。

なお、銀河団と銀河団の間は、銀河の存在密度がわりと少ない領域があり、空洞という意味の「ヴォイド（void）」とよばれています。

図4-7　かみのけ座銀河団

Q8　私たちの銀河系はどこにあるのですか？

かみのけ座銀河団以外に太陽系から観測できる大きな銀河団といえば、ペルセウス座銀河団、うみへび座銀河団、ヘラクレス座銀河団、そして、おとめ座銀河団（図4-8）です。この、おとめ座銀河団を私たちから観測すると、最大約8度にわたって広がっています。月の見かけの直径が約30分ですので、月を16個分くらい並べた大きさです。その中に、２０００個近い銀河が集まっているのです。この中にひときわ大きく見える銀河は、Ｍ87、Ｍ86、Ｍ84です。特にＭ87は、おとめ座銀河団のほぼ中心に位置する、巨大楕円銀河です。このＭ87の中心にある太陽のおよそ65億倍の質量をもつブラックホールの影が電波望遠鏡イベントホライズンテレスコープで撮像されたというニュースは、２０１９年5月に発表されました。

さて、おとめ座銀河団は、私たちの銀河系に大変近い銀河団です。距離を調べて見るとおとめ座銀河団の中心にあるＭ87は約６０００万光年、その他、Ｍ86は約５２００万光年、Ｍ84は約６０００万光年です。おとめ座銀河団の半径はおよそ５５００万光年ということですから、私たちは、おとめ座銀河団の端のあたりに存在していることになります。一方、私たちの銀河系も、近くにアンドロメダ銀河や三角座のＭ33という立派な銀河が存在し、さらには大・小マゼラン雲のほか、およそ50個の銀河の集まりの中に位置します。この集まりの中の銀河たちも束縛された天体を形成しています。このような、銀河団に比べて小規模な集まりを銀河群とよびます。私たちのところは局所（あるいは局部）銀河群とよびます。

おとめ座銀河団の端のあたりに存在する私たちの局所銀河群はおとめ座銀河団からの万有引力で引っ張られているようです。また、私たちの局所銀河群以外の小規模な銀河の集まり、銀河群は、おとめ座銀河団の周りに多く存在し、それらたくさんの銀河群、私たちの局所銀河群、そしておとめ座銀河団を合わせて、おとめ座超銀河団とか、局所（あるいは局部）超銀河団などとよぶこともあります。

図4-8 おとめ座銀河団
提供：東京大学木曽観測所

Q9 銀河はなぜ集まっているのですか？

宇宙の中で、銀河たちが均等に分布しない理由は、銀河の形成機構に深く関係しています。銀河の位置は、スローンデジタルスカイサーベイ（SDSS）とよぶプロジェクトにより詳しく測定されました。図4-9は、私たちから見て、天の赤道に沿った2度幅の帯状の領域のうち、私たちを要にした扇状の2方向内の銀河の分布を示しています。半径方向が距離で、1番外側の円が半径およそ18億光年です。1点1点が銀河の位置を示します。この図を見ると、銀河団というより、線状に連なった銀河の密集している領域と、あまり銀河がない領域があることが分かります。この図は、宇宙の平たい領域を切り取って描いた図なので、3次元的には、泡状の銀河の少ない領域（ヴォイド）が存在し、泡と泡のくっついた膜状のところに銀河が集まっているというのが良い表現です。そして、このような構造を宇宙の泡構造とよびます。ボイドの大きさは直径およそ1億光年程度です。

ではどうしてこのような構造ができたのでしょうか。宇宙はビックバンから始まって今でも膨張しています。一方、銀河を形成する星や暗黒物質は万有引力（重力）で引き合っています。膨張する割合と、引っ張り合って収縮する割合とどちらが勝つか、それが問題です。宇宙がビックバンを始めた時、すでに、密度の揺らぎ、すなわち濃淡がありました。平均的な密度より濃いところは、膨張が遅く、うすいところは早く膨張します。早く膨張するところは密度がますますうすくなり、ますます早く膨張します。一方、濃いところは、宇宙膨張に取り残され、周りに比べて密度はあまりうすくなりません。このような進化は様々な長さのスケールでの密度の濃淡を考え、それぞれ平均的な宇宙膨張より早いか、遅いかによりその長さスケールでの濃淡の進み方が決まります。小さな構造ほど早く濃淡の進化が進みます。ビックバン以来およそ138億年の今は、ちょうど1億光年ぐらいのスケールでの濃淡のばらつきによる宇宙膨張からのズレがよく見えているのです。もっと小さいスケールでの質量のばらつきはすでに重いところ中心に集まってしまっています。また、大きなスケールでの質量のばらつきによる効果はまだ見えていないというわけです。

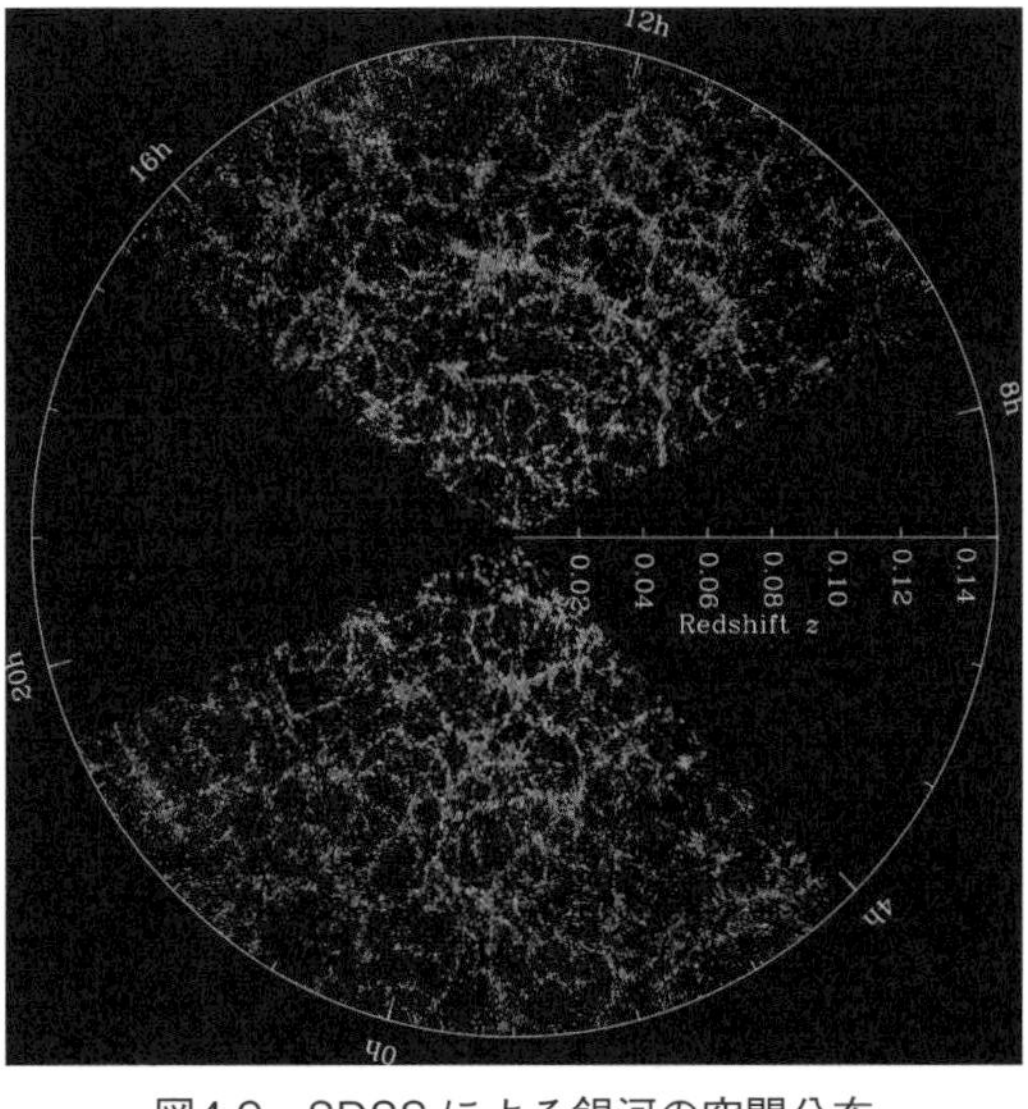

図4-9　SDSSによる銀河の空間分布

Q10　ビッグバンとは何ですか？

皆さんはビッグバンという言葉を聞いたことがあるでしょうか？　日本語に訳すと大爆発といった意味になるのですが、これはどういうことでしょうか。

1920年代に、遠くの銀河は私たちから遠ざかっており、その遠ざかる速さは遠くの銀河ほど速いということが観測的に発見されました。これは宇宙が図4-10のように膨らんでいると考えると無理なく説明できます。これを宇宙膨張といいます。膨張するとその中のものは徐々にうすくなっていきます。これは密度が低くなっているということです。ということは昔は今よりも宇宙の物質は濃かったということになります。昔にいけばいくほど密度は濃くなります。また温度も高かったと考えられます。このように宇宙は物質が高温・高密度の熱平衡状態から始まったと考えられます。宇宙がこのような状態から始まったとする理論をビッグバン理論といいます。

ビッグバンはいつごろ起こったのでしょうか。そのためには宇宙がどのように運動するかを知らなければなりません。宇宙がどこも同じで特別な方向はないと考えて、一般相対性理論の基礎方程式であるアインシュタイン方程式を適用すると、宇宙がどのように運動するかが分かります。この方程式と、現在測定されている宇宙膨張速度、そして宇宙のエネルギー組成や空間曲率を決めるパラメータの観測値などから、ビッグバンは現在から約138億年前に起こったと計算されています。

ビッグバン理論には大きなご利益があります。宇宙の初期には高温・高密度のために物質を構成する原子はバラバラになっていて、陽子・中性子・電子などが飛び交う高温状態だったのですが、宇宙が膨張するにつれて冷えると、陽子や中性子が結合して、重水素やヘリウムの原子核ができました。さらに冷えてくると、陽子や重水素原子核やヘリウム原子核が電子を捕まえて、それぞれ水素原子・重水素原子・ヘリウム原子ができました。これをビッグバン元素合成といいます。このようにして現在の宇宙に多量に存在する水素・重水素・ヘリウムの起源を説明することができたというのは、ビッグバン理論の大きな成功です。

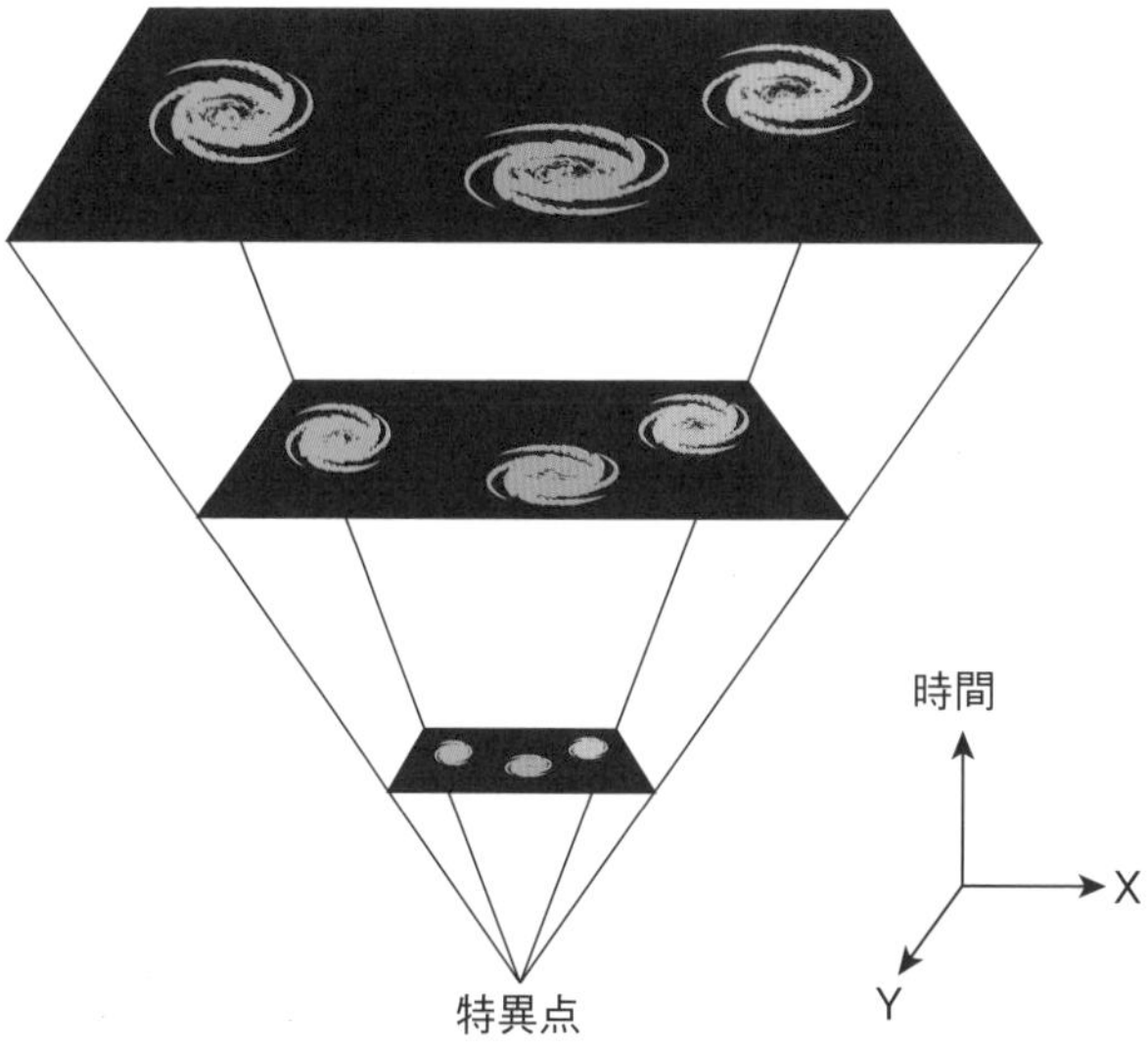

図4-10　ビックバンと宇宙の膨張

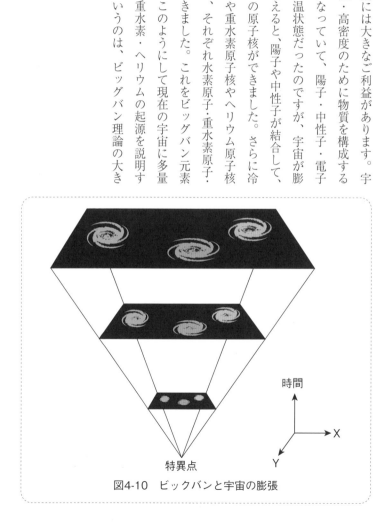

Q11　ビッグバンが起こったことはなぜ分かる?

ビッグバン理論というのは宇宙が高温・高密度の熱平衡状態から始まったとする理論ですが、なぜそんなことが分かるのでしょうか。

宇宙の始まりに関する研究は昔のことを研究するので、直接実験をしてみることはできません。したがって過去にあったことの証拠を見つけるということになります。化石を見つけて昔の生物のことを調べる古生物学や、石器を見つけて昔の人のことを調べたりする考古学に似ています。

ビッグバンの最も強い証拠は3つあります。遠方銀河の赤方偏移と宇宙の元素組成と宇宙マイクロ波背景放射です。順番に説明します。

遠方の銀河からの光は本来の波長より長い波長として観測されます。これを赤方偏移といいます。そして、銀河が遠ければ遠いほど赤方偏移が大きくなることが観測されています。これはハッブル－ルメートルの法則とよばれます。これは宇宙が膨張しているとすると自然に説明できます。

宇宙の元素組成というのは、宇宙にある元素の割合のことです。ビッグバン理論では、ビッグバンの高温・高密度の熱平衡状態から宇宙の膨張とともに物質が冷えていく際に元素が作られます。理論的な計算によると、作られる元素の組成は、重量比で水素が約75%、ヘリウムが約25%です。この2つでビッグバンで作られる元素の99%以上になります。これが、現在の宇宙の観測から推定される宇宙初期の元素の組成とよく合うことが分かっています。

最後が、宇宙マイクロ波背景放射です。ビッグバン直後の高温・高密度状態では光は他の粒子に頻繁に散乱されて、温度によってその全ての性質が決まるような状態（熱平衡状態）になっています。このような時、光はプランク分布という特徴的なスペクトルをもちます。図4-11のようにこのプランク分布が現在観測されています。ただし、宇宙の膨張とともに光は赤方偏移されるため、現在観測される温度は絶対温度2・725度まで下がっています。これはマイクロ波といわれる電磁波なので宇宙マイクロ波背景放射とよばれています。このマイクロ波放射は1964年に発見され、発見者のアーノ・ペンジアスとロバート・ウッドロウ・ウィルソンは1978年にノーベル賞を受賞しました。

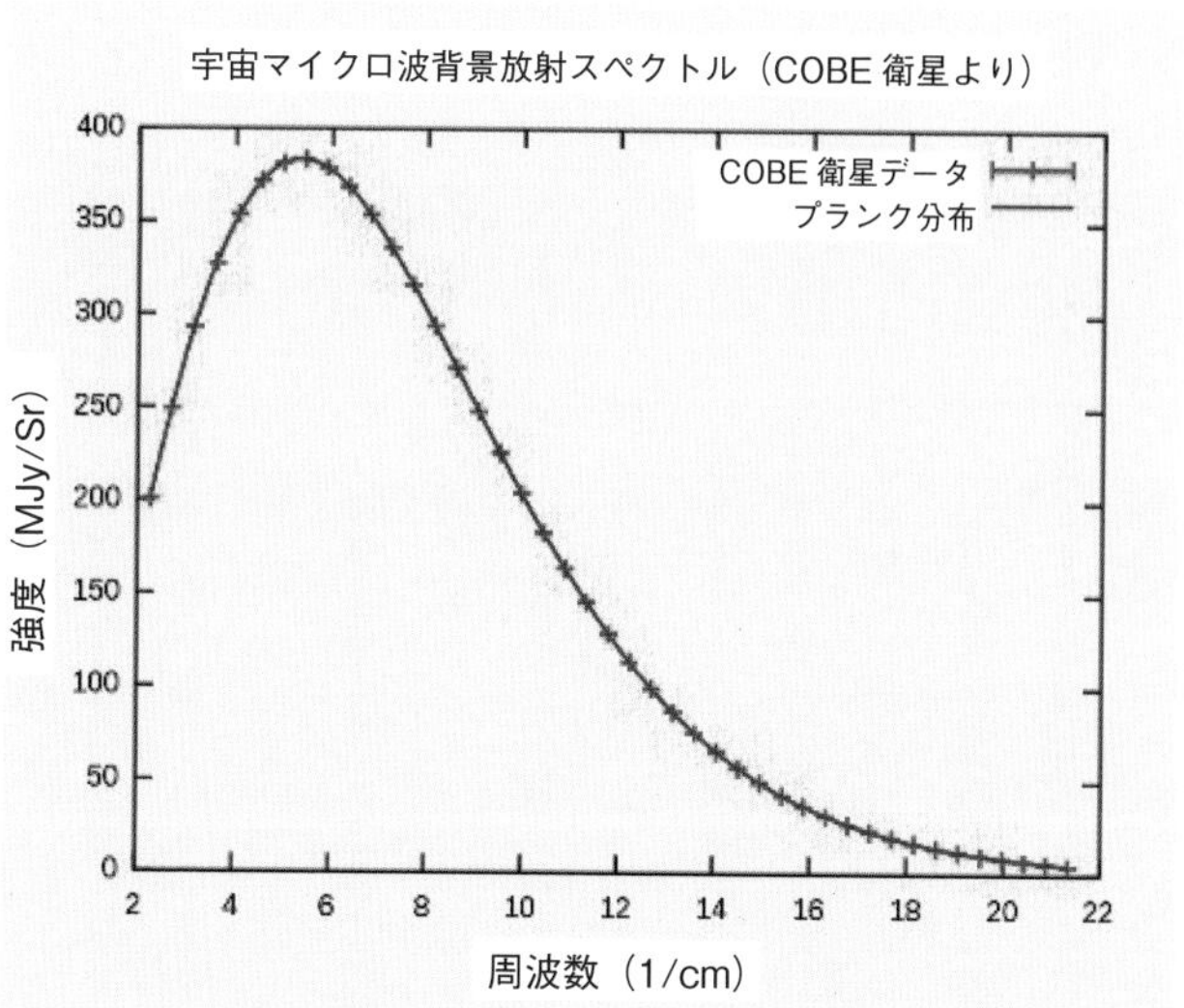

図4-11　宇宙マイクロ波背景放射のスペクトル

Q12 銀河はどのようにしてできたのですか？

宇宙には銀河（図4-12）や太陽系や太陽・地球といった天体があります。私たちはそのうちの地球に住んでいる生命体です。またいくつかの銀河が集まっている銀河群や銀河団というものも観測されています。このようなものを宇宙の構造といいます。

宇宙の構造はどのようにしてできたのでしょうか。ここで大切になってくるのが「揺らぎ」です。初期宇宙は非常に均質、つまり一様に近かったことが分かっています。しかし完全に一様であるとずっと一様なまま進化してしまいますから、銀河や地球ができる余地はありません。つまり初期宇宙は非常に一様に近いけれどもわずかながら非一様でなければならないということです。このような非一様な様子を揺らぎといいます。

この揺らぎは宇宙マイクロ波背景放射の中に見出すことができて、一様な成分を1とすると揺らぎはその約10万分の1にすぎません。そこでこの揺らぎを大きくする仕組みが必要なのですが、都合のよいことに重力がその役目を果たします。宇宙マイクロ波背景放射が生成されたころには宇宙のほとんどは非相対論的な粒子がしめているのですが、そのさらにほとんどは暗黒物質という物質がしめています。暗黒物質の正体は不明なのですが、その性質はよく分かっていて、ほとんど重力相互作用しかしない物質です。暗黒物質が揺らぎをもっていると重力によって濃いところに暗黒物質が集まってきます。そうすると、またそこがさらに濃くなって周りを引き付ける重力も強くなるという現象が起こります。これを重力不安定性といいます。暗黒物質が物質のほとんどをしめているので暗黒でない通常の粒子（これをバリオンといいます）も暗黒物質が集まっているところに集まってきます。バリオンは重力のほかにも電磁相互作用をするので、密度が高くなると分子を作って光を放射したりして、エネルギーを失いさらに密度の高い構造を作ります。このような密度の高い領域では星が作られて光り輝くようになります。

銀河ができる過程は大まかにはこのようなものだと考えられますが、実際には非常に複雑な過程の連続です。特に非常に初期の段階での銀河形成や星形成については分かっていないことが多くあります。いま活発に研究が進められている分野です。

ビッグバン元素合成から構造形成にわたる初期宇宙の理論的理解に多大な貢献のあったジェームズ・ピーブルズは2019年にノーベル物理学賞を受賞しました。

図4-12　典型的な渦巻銀河であるM101

Q13　宇宙はどのように膨張しているのですか？

皆さんは、救急車が通り過ぎる時、サイレンの音がはじめは高いけれど通り過ぎる時に急に低くなるということを体験したことがあると思います。これは音源が我々に近づく時には音が高く（波長が短く）なり、遠ざかる時には音が低く（波長が長く）なることを体験したのです。これをドップラー効果といいます。光も波なのでドップラー効果があります。

宇宙膨張を観測的に知る方法の1つは、遠くの銀河の光の波長が長くなること（赤方偏移）を見ることです。これによって、銀河が私たちから後退しており、その速度はその銀河までの距離に比例するというハッブル－ルメートルの法則が発見されました。もしこの法則をそのまま非常に遠くの銀河まで延ばせるとすると、銀河の後退速度が光の速さを超えてしまいます。このような半径を宇宙の地平線といいます。この半径より外側の情報は私たちには届かないことになります。

宇宙が膨張しても中心はありません。これは膨らむ風船の例が分かりやすいでしょう。例えば風船の表面に点を20個くらい書いておいて風船を膨らませると、各点同士は離れていきますし、近接する点のペアより少し離れたペアの方が速く離れていきます。でも風船の表面に中心はありません。

宇宙には特別な場所がなく、特別な方向もないと仮定すると、アインシュタイン方程式から宇宙の運動方程式が導かれます。この方程式では、圧力が0か正の場合、宇宙は図4-13下のように減速膨張することが分かります。これは重力が引力であるからです。

ところが20世紀終わりごろの遠方の超新星爆発の観測によって、宇宙膨張が減速ではなく図4-13の上のように加速していることが分かりました。この観測を主導したソール・パールムッターとブライアン・P・シュミットとアダム・リースは2011年にノーベル物理学賞を受賞しました。宇宙が図4-13のように加速膨張しているとすると、大きな負の圧力をもつエネルギーが宇宙の大部分をしめていないといけません。実はアインシュタインが1916年に導入した宇宙項がこの条件を満たします。現在の宇宙のエネルギーの7割程度が宇宙項であるとする説が、現在広く受け入れられています。ただし、加速の原因が宇宙項であると確定したわけでもないので、加速膨張を引き起こすエネルギーは一般にダークエネルギーとばれ、その性質が活発に議論されています。

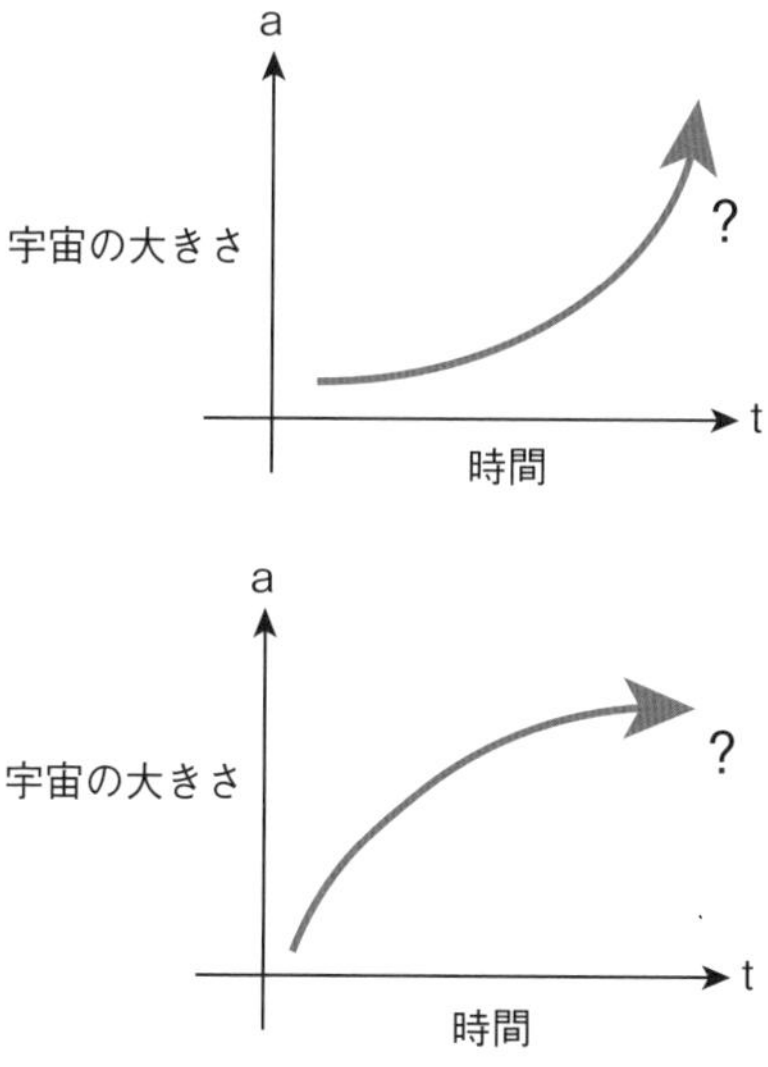

図4-13　加速膨張か減速膨張か

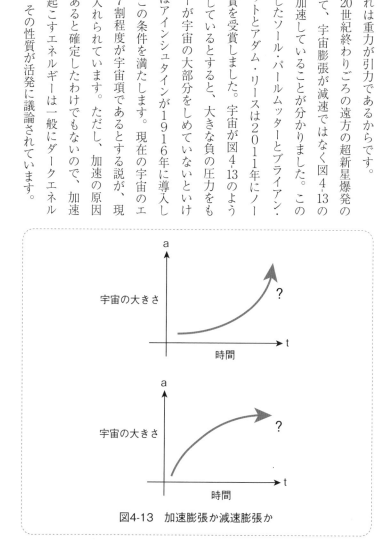

Q14　インフレーション宇宙論とは何ですか？

すでに見てきたように、ビッグバン理論によって宇宙に関する多くの観測事実が見事に説明できました。ビッグバン理論の本質は、宇宙が非常に一様に近い高温・高密度の熱平衡状態から始まったという仮定です。ところが、この初期条件がなぜ実現したのかをうまく説明することが難しいのです。宇宙が減速膨張していると、宇宙の地平線は宇宙膨張よりも速く広がります。地平線半径以上離れた2点間では情報は伝わらないので、お互いどんな密度をもっているか知ることができません。したがって、地平線半径を超えて一様になることができません。しかし、宇宙マイクロ波背景放射の観測からは、宇宙はその当時の地平線半径を超えて非常に一様に近いことが分かっているのです。これを地平線問題といいます。また、現在の観測では宇宙の空間曲率はゼロに近いことが分かっています。アインシュタイン方程式によると、これは宇宙初期には宇宙の空間曲率が極端にゼロに近くなければならないことを意味します。なぜそんな特別な空間曲率が宇宙初期に実現したのでしょうか。これを平坦性問題といいます。

このようなビッグバン理論に内在する諸問題を解決するのがインフレーション理論です。この理論では、宇宙がほぼ一様な高温・高密度状態になる前に、宇宙が加速度的に膨張していたと仮定します。加速膨張中には地平線の広がりは宇宙膨張よりも遅くなるので、地平線を超えて一様になることができます。加速膨張には大きな負の圧力をもつエネルギーが必要です。正の圧力は物質が広がろうとする力ですが、負の圧力は逆に物質が縮まろうとする力で、張力ともいいます。この加速膨張中に宇宙の大きさがおよそ26桁以上大きくなれば、地平線問題や平坦性問題などの諸問題が同時に解決できます。宇宙はその誕生直後に加速膨張し、その後、減速膨張に転じ、ごく最近また加速膨張を始めたということになります（図４-14）。

さらに、インフレーション理論の非常に素晴らしいところは、揺らぎを生成する仕組みが備わっていることです。加速膨張期には量子論的な不確定性原理に起因する密度の揺らぎが生み出されます。標準的なインフレーション模型によって生成される揺らぎは、宇宙マイクロ波背景放射に存在する揺らぎの観測結果と概ね合っています。最近では揺らぎの観測精度が非常に良くなっているので、インフレーションを予言する多くの理論模型の選別ができるようになってきています。

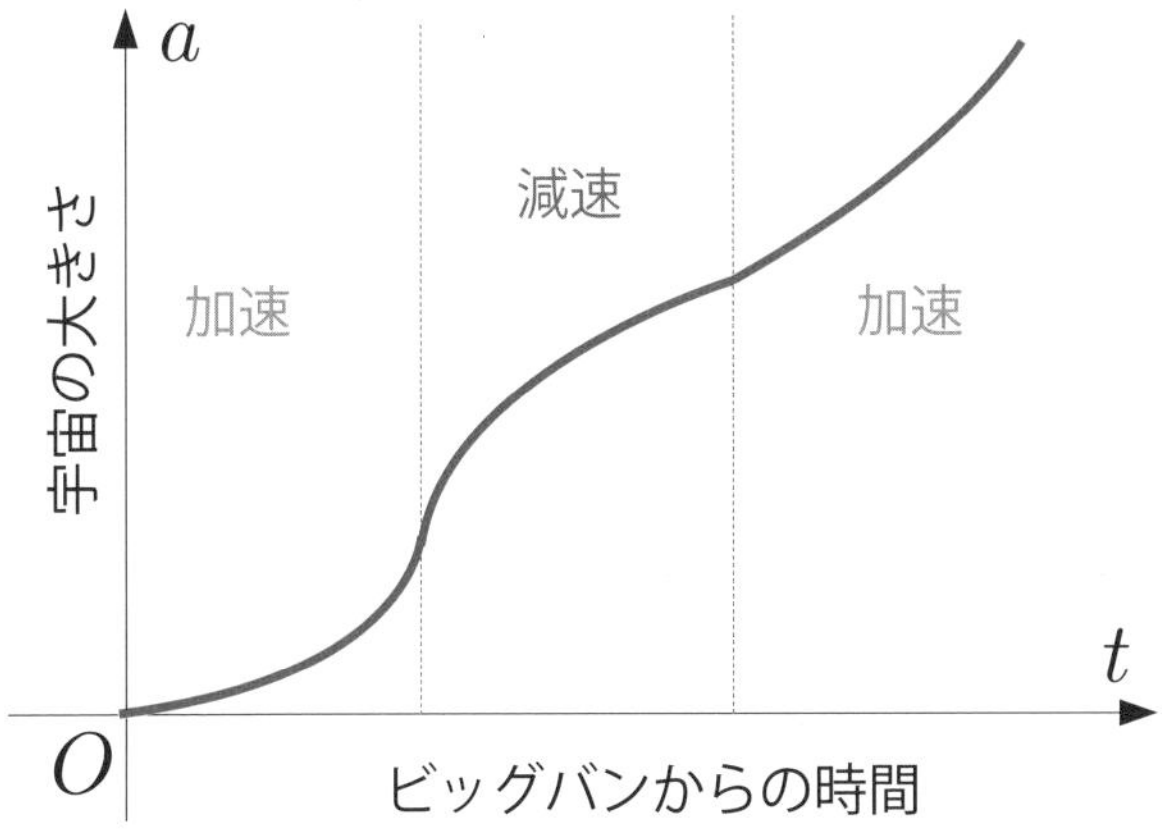

図4-14　宇宙膨張の歴史

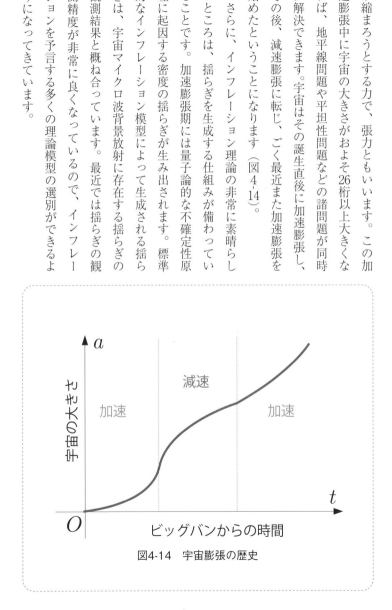

第5章　地球外生命と宇宙旅行

Q1　地球のような惑星は他にもあるのでしょうか？

系外惑星が発見されるようになって以来、初期のころは、木星のような大きな惑星ばかりが見つかっていましたが、２０１０年ごろから、地球と同じくらい小さい惑星も見つかるようになってきました。こうなると、地球のように生き物がいる惑星があるかもしれません。しかし、この時に見つかった惑星の多くは、主星に近すぎて暑いので、水が液体として存在できません。このような星にも生命はいるのかもしれませんが、地球のように広く生命が繁栄することは考えにくいでしょう。主星の温度に応じて、水が液体として存在できる範囲が決まっており、その範囲は、生命生存可能領域として「ハビタブルゾーン」とよばれています。その後、ケプラー宇宙望遠鏡により、ハビタブルゾーンと考えられる場所に、地球と同じくらいの惑星も発見されるようになりましたが、現時点で分かっていることは、惑星の大きさ、主星からの距離だけで、実際に生命がいるのか、海があるのか、どんな大気があるのか、については情報が得られません。特にケプラー宇宙望遠鏡は太陽系から比較的遠くの恒星を調査したため、さらに詳細な調査を行うのは難しい状況です。

このような状況の中、２０１６年に、太陽系から最も近い恒星であるプロキシマケンタウリに地球と同じくらいの大きさの惑星が見つかり、さらにハビタブルゾーンにあることが分かりました。２０１７年にも、太陽系の近くにあるトラピスト１という星の周りに地球と同じくらいの惑星が７つあることが分かりました（図５-１）。これからは、このような惑星に実際に生命がいるのかどうかを確かめていくことになります。現時点では、このように近い系外惑星でも直接生命がいることを確認することは難しい状況ですが、海があるかどうか判別ができそうです。現在、世界ではこれらの惑星の環境を明らかにする計画が進められています。日本もアメリカのＮＡＳＡや、ヨーロッパの欧州宇宙機関（ＥＳＡ）、ロシアの宇宙機関など様々な協力体制でこの課題に取り組んでいます。まだ、地球のような星があるかどうかは分かっていませんが、この10年から20年の間には明らかになると考えられます。

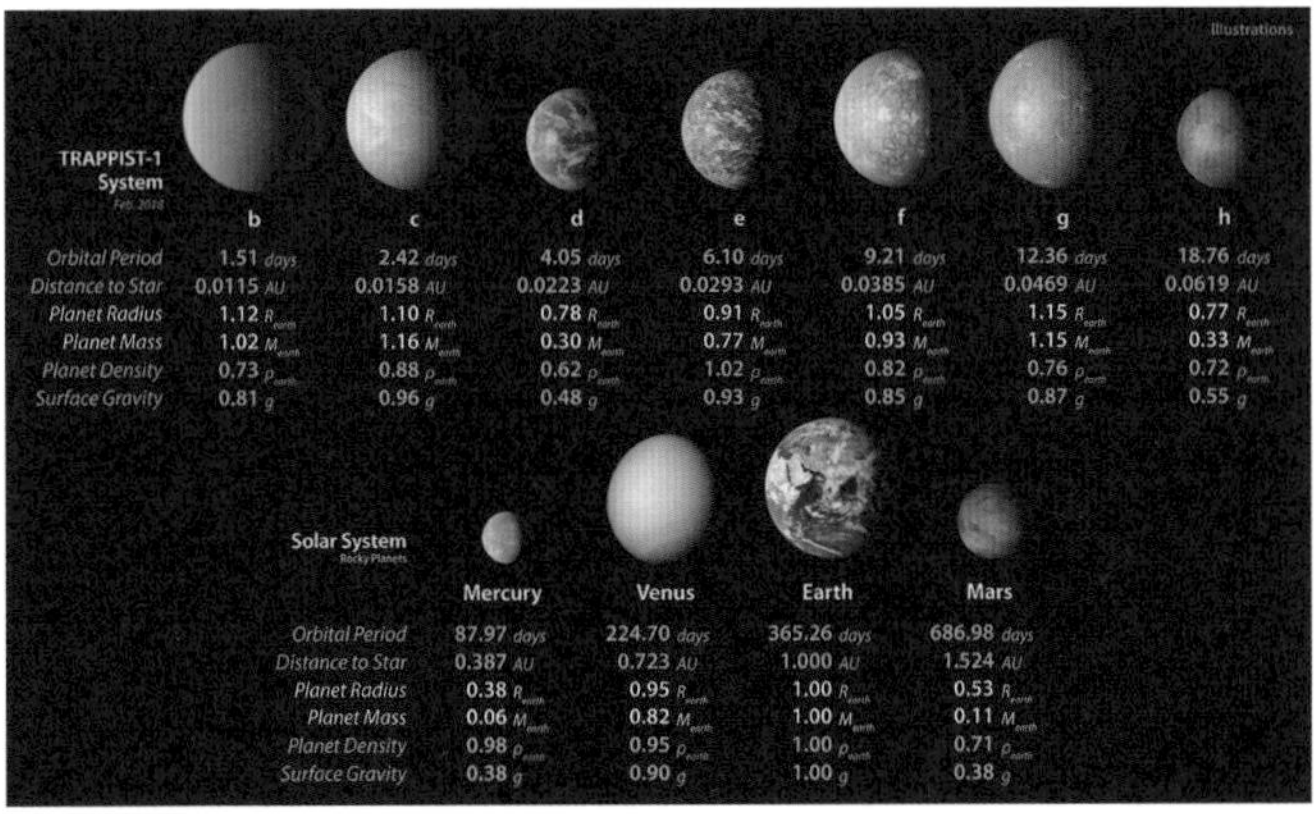

図5-1　トラピスト１系と太陽系

Q2　最初に見つかった系外惑星はどんな惑星？

太陽は、天の川銀河にある数千億個の恒星のうちの1つであり、その周りを8個の惑星が回っています。それ以外の星にも惑星はあると予想されてきましたが、観測によって太陽系外の惑星（系外惑星）が初めて発見されたのは1995年のことでした。発見者のスイスのミシェル・マイヨールとディディエ・ケロー（ケローは発見当時は大学院生）には2019年にノーベル物理学賞が授与されています。ペガサス座51番星という、太陽とよく似た星の回りに、木星より少し小さめの惑星が見つかりました（図5-2）。ここまで聞くと、太陽系と似た惑星系が見つかったと思われるかもしれません。しかし、この惑星が見つかっただけで、この星系は太陽系とは大きく異なることが分かりました。発見された惑星は、その主星からたった800万㎞のところを回っていたのです。太陽に1番近い惑星である水星でも、その距離は5000万㎞程度であり、それよりもずっと近いということになります。太陽系ではこのような場所に惑星はありません。実は、最初に発見したということだけでなく、このことが非常に重要です。

最初の発見の前から、地球のような小さい惑星より、大型の木星のような惑星が先に見つけられるだろうということは予想されていました。そのため、木星のような惑星の発見を目指し、多くの研究者が主星から遠く離れた木星型惑星を探していました。一方で、マイヨールとケローは、そのような考え方とは全く逆に、木星のような惑星が主星の近くに存在する可能性があると予測し、そのような惑星を狙って集中的に観測を行いました。これが系外惑星の発見に結びついたのです。これにより、太陽系以外の恒星も惑星をもつことが分かっただけでなく、星系の構成は必ずしも太陽系と同じではない、ということも分かりました。この発見に続いて、さらに精力的に観測が行われ、観測技術の開発も進められた結果、現在では４０００個を超える系外惑星が確認されています。

図5-2　ペガサス座51番星とその惑星

Q3　系外惑星はどうやって見つける？

系外惑星は4000個以上見つかっており、この全てが望遠鏡を使った観測で発見されています。しかし、惑星が発する光が捉えられた例はごく少数です。惑星は恒星に比べると圧倒的に暗く、明るい恒星の近くにある惑星は恒星からの光にまぎれて見ることができません。明るい恒星の光を抑え周辺を観測するための技術が進み、ようやく大型で、主星から離れた惑星が見えるようになりましたが、地球のような小さい惑星の観測はまだ先になりそうです。そのため、4000個のうちの大半では、惑星からの光は捉えられていません。それでなぜ惑星があるといえるのでしょうか。

1995年に初めて惑星が発見された時には、「ドップラー法」が使われました。惑星は重力を受けて恒星の周りを回っていますが、惑星が回る間に恒星の方も重力を受けてわずかに振り回されます。この恒星を地球から見ていると、惑星の周回に伴い、恒星が近づき、遠ざかることを繰り返します。光は波の性質をもっており、近づく物体が発する光は、通常より青く、遠ざかる物体は赤くなります。これは「ドップラー効果」とよばれています。この色を精密に測定することで、惑星が存在していることが確認できるのです。

現時点で最も多くの惑星の発見に使われた手法は「トランジット法」です。観測者から恒星を見ている時、惑星がその前を横切ると恒星から来る光は惑星に遮られて少しだけ減ります（図5-3）。恒星を長時間観測し続けて、周期的に減光が起きている時に惑星があることが分かります。系外惑星の観測には多くの望遠鏡が用いられていますが、このトランジット法を用いたケプラー宇宙望遠鏡１台で２６００個以上の系外惑星が発見されました。ケプラー宇宙望遠鏡の観測が始まる前は、地球のような小さな惑星よりも、木星のような観測しやすい大きな惑星の方が多く見つかっていましたが、ケプラー宇宙望遠鏡による高い精度の観測によって、地球のような大きさの惑星が沢山あることが確認されています。

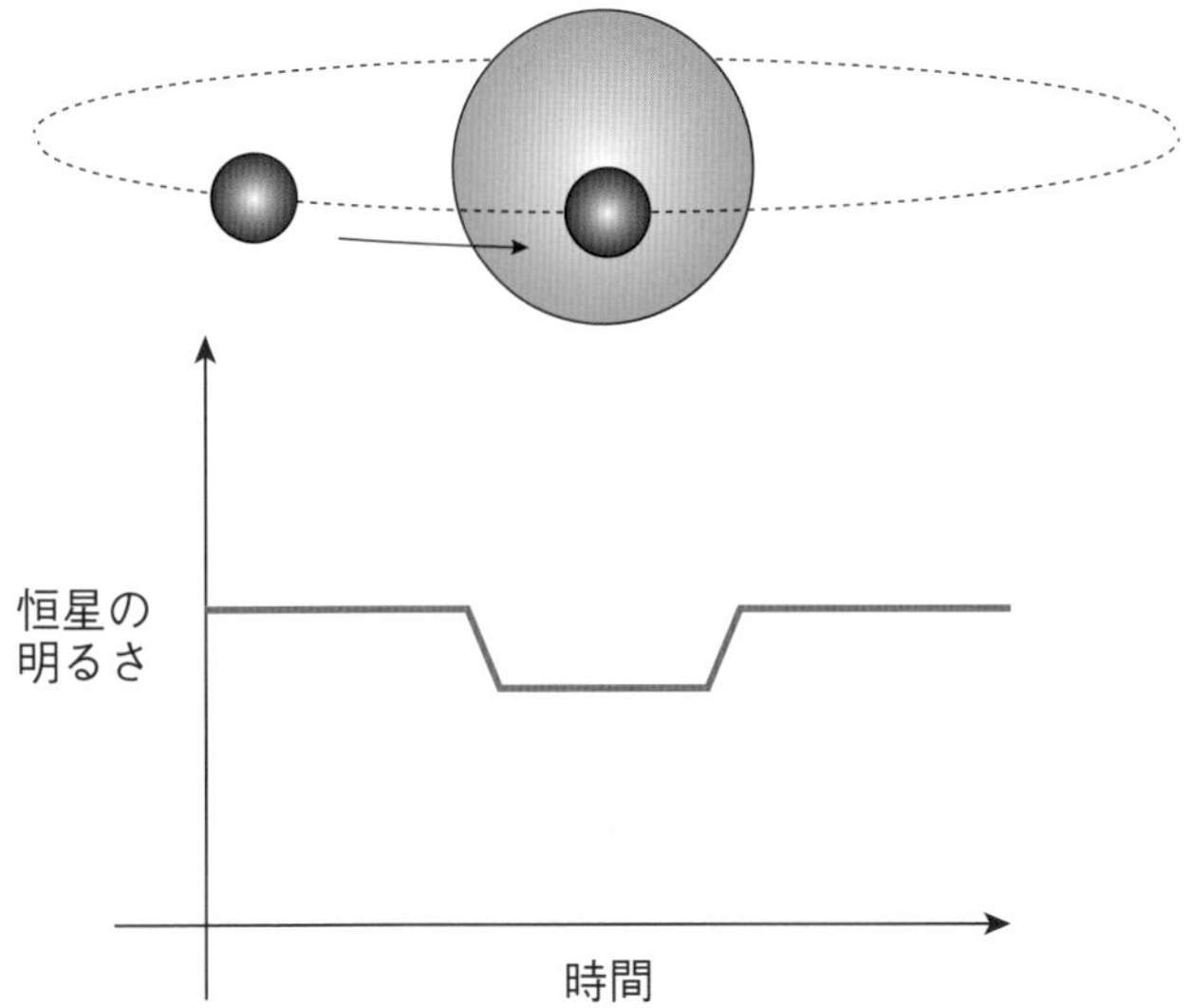

図5-3　トランジット法

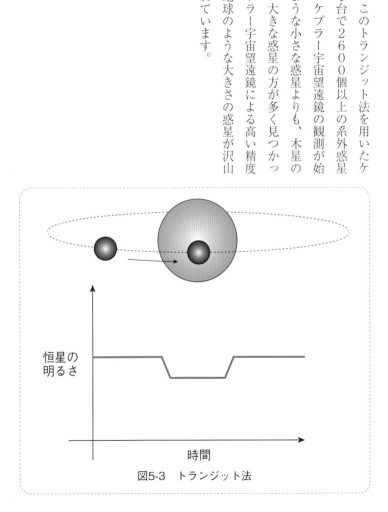

Q4　地球に住めなくなったら、どこに住めば良い？

現在の地球は様々な問題を抱えています。温暖化や限りある資源の問題もありますし、それに加えて恐竜を絶滅させたような大きな隕石が落ちてくる可能性も僅かながらあります。他の惑星に住めるようになっていれば絶滅は避けられるかもしれません。人類は古代から海を渡って新しい土地を開拓し、その活動領域を広げてきました。宇宙でもそのような活動を展開していく、というのは自然な考え方かもしれません。火星は比較的地球に環境が近いといわれていますし、地球と環境が近い系外惑星も良い候補となりそうです。しかし、実際に人が別の惑星に移住することは、過去に海を渡って別の大陸に行ったこととは大きな違いがあります。

人は現在の地球環境で快適に生きられるようにできています。呼吸のために酸素が必要であり、大気中の酸素濃度は約20％です。もしこの酸素濃度が16％以下になってしまうと人は長時間生きられませんし、10％を切ってしまうと短時間で死に至ります。逆に酸素濃度が高くても良くはなく、50％以上になると長時間は生きられません。大気の酸素濃度が適切な範囲にない惑星では、屋外に出る時は宇宙服を着て過ごすことになります。惑星の大気成分を人工的に変えることもできるかもしれませんが、制御が狂えば全滅してしまいます。そのため、移住するとしたら、地球と同じような大気をもち、特に酸素濃度が同程度の惑星であることは重要であると考えられます。

地球上には暑いところ、寒いところ、高地では空気がうすいところがありますが、大気の組成、酸素濃度はほとんど同じです。そのため、人類が地球上で活動領域を広げていく際に、呼吸のことを気にする必要はほとんどありませんでした。現在、太陽系には地球と同じような大気をもつ惑星がないことは分かっています。系外惑星を探し続ければいつかは見つかるかもしれませんが、同じ天の川銀河の中の、比較的近い星でも、非常に遠いので人の寿命の間に行くことは難しいでしょう。「地球に住めなくなったら」ではなく、絶対に「地球を住み続けられるようにする」必要がある、ということは既に明らかになっていると考えられます（図5-4）。

図5-4　地球を大切にしましょう

Q5　私は月や火星に行くことはできるでしょうか？

人類が月面に初めて降り立ったのは１９６９年のことでした。アポロ11号のアームストロング船長が初めて月面を歩き、その後１９７２年のアポロ17号まで宇宙飛行士が月面に降り立ちました。その後、50年近く経ちますが、この間、人類は月面には降り立っていません。最近ではスペースX社が、初めて民間人向けの月旅行を計画しています。月面に降り立つわけではなく、月の近くを回って帰ってくるという旅行です。この旅行のチケットは現時点ではかなり高額と考えられますが、いつかは誰もが一度は月旅行をするような時代が来るかもしれません。

一方、火星にはまだ人間は降り立っておらず、近くを通って帰ってきたということもありません。月に行けるなら火星も行けるのではと思うかもしれませんが、実際にはそう簡単ではありません。地球から月までの距離は38万kmですが、地球から火星までは最も近い時でも５５００万km程度です。地球と月の距離を、東京から名古屋まで縮めると、地球と火星の距離は地球1周分程度になります。この差から想像できると思いますが、月に行ければ、すぐに火星も、ということにはなかなかなりません。実際に、スペースX社の月旅行は帰ってくるまでに1週間程度が予定されているようです。期間自体はアポロ計画と大きな差はありません。一方で、火星に行くには片道で半年はかかります。往復は1年以上となるわけです。しかも、その間に食料を補給することはできませんし、呼吸のためには十分な量の酸素も必要です。

民間人の月旅行は既に計画段階に入っていますし、多くの人が月旅行をする時は比較的早くやってくるかもしれません。一方で、人類が火星旅行を楽しむ時が来るまでには、まだ長い時間がかかりそうです。現在、日本では２０２４年に打ち上げ予定の無人の火星衛星探査機ＭＭＸ（図5-5）が、火星の衛星であるフォボスに着陸し、試料を採取して地球に帰還する予定となっています。成功すれば火星付近に到達して地球に戻る最初の探査機となります。このような活動が続けられればいつか人類の火星旅行が実現するかもしれません。

図5-5　火星衛星探査機 MMX

Q6 宇宙ではなぜ宇宙服を着ないといけないのでしょうか？

宇宙遊泳をしている宇宙飛行士はみな宇宙服を着ています（図5-6）。月面を歩いた宇宙飛行士も同様です。なぜ宇宙服は必要なのでしょうか。宇宙空間には空気がないために、水中のように空気を供給する必要がありますが、酸素ボンベだけではダメなのでしょうか？

宇宙空間は地球上とは様々な点で異なっています。宇宙服として体全体を覆う1番の理由は気圧を保つためです。人の体は地球の表面での気圧に耐えられるようになっています。この圧力は、Ａ４の紙の面積の板で、軽トラック1台を支えるような力です。地表では、人の体は大気からこの圧力を常に受けています。これは体で軽トラックを支えられるということではありません。人の体はこの気圧とバランスがとれるようにできているということです。例えば、空気を詰めて封をした空き缶があるとします。外から気圧で押されていますが、中の空気がそれを押し返して釣り合った状態となっています。この状態から中の空気を抜くと、外からの圧力で空き缶はぺしゃんこになります。それくらい空気の力は強いものです。宇宙に出る場合は周りに空気がないので、人間の体が膨らんでしまいます。それを抑えるために宇宙服には空気を入れて気圧を調整できるようになっているのです。

この気圧調整、呼吸のための酸素供給、二酸化炭素の除去に加えて、温度調節機能も備わっています。宇宙空間は暗く、温度が低そうに見えますし、実際に定義上の温度は非常に低いです。一方で、熱を伝える空気が存在しないため、宇宙飛行士の体温は、周囲の宇宙空間の温度よりずっと高いのですが、急激に冷やされることはおきません。むしろ、体温による熱がこもる上、太陽の光を浴びているとどんどん温度が上昇してしまいます。そのため冷却機能が必要です。その他、通信機能も必要となります。宇宙服がないということはこれらの機能が全てないということですから、宇宙空間では活動できません。一見して動きにくいように見えますが、これらの機能をもちつつ、動きやすくするためには高度な技術が必要となっています。

図5-6　遊泳中の宇宙飛行士

Q7　月でラーメンは食べられますか？

これはすごい質問ですね。なぜ月まで行ってラーメンを食べたくなったのか、とこちらから聞きたいくらいですが、考えてみたいと思います。

まず、材料の現地調達はほぼ不可能ですから、地球から材料をもっていく必要があります。水だけは月面上の常に太陽光があたらないところに氷が少しあるといわれていますので、これを利用できるかもしれません。地球からもっていかなくても、どんぶりは月面の岩を丁寧に削ればできそうです。箸とレンゲも不可能ではないでしょう。調理と食事自体は真空中では不可能と考えられますので、人間が呼吸でき、ある程度の気圧が保たれた建物があることは前提になります。麺を茹でるのに十分な水とヒーターが必要ですが、建物内での生活を維持できる太陽電池やバッテリーがあるとすれば、ラーメンを茹でるくらいの電力はまかなえるでしょう。建物の気圧は１気圧より低めになっていると思います。１気圧に耐えるためにはＡ４の紙１枚の広さで軽トラック１台分を支える強度の建物が必要です。人間が長期間滞在しても耐えられるように、高すぎない高山での気圧程度に設定されているとすると、水が沸騰する温度が低くなるため、茹で加減は甘くなりそうですが、ラーメンを作るために気圧を上げて建物が破壊されてしまうのは困りますし、ここは我慢しましょう。とんこつ、鶏ガラでスープを作ることも不可能ではないと思いますが、地球でできた濃縮スープをお湯でといて使う方がおすすめです。基本的にトッピングは地球からもってきたものになりますが、ネギを刻むくらいは現地でもできそうです。

重力は地球の約6分の1と小さいですが、無重力状態の宇宙ステーションとは違って、地球上と同様の盛り付けが可能です。重力の違いに注意して、どんぶりをもち上げた時にスープをこぼさないようにしましょう。

ということで、月に長期間滞在できるような建物があれば、その中でラーメンを食べることは可能、と考えられます。

図5-7　月でラーメンは食べられる？

Q8　人工衛星はなぜ落ちないのですか？

物体と物体同士は万有引力で引き合っていて、その力は質量に応じて大きくなります。地球のような質量の大きい物体が及ぼす引力は非常に大きくなります。これにより地球上では、上から下に物が落ちる、という現象が生じます。それではなぜ人工衛星は落ちてこないのでしょうか？

宇宙空間を飛んでいる物体は、重力の影響を受けない場合は直進し続けます。地球のように重力の大きい天体の近くに来ると、地球に引かれ、地球に落ちる方向に軌道が曲げられます。物体の速度が十分大きければ進行方向が少し地球方向に曲げられるだけで、地球の近くを通り過ぎることになりますが、物体の速度が遅い場合は、地球に向って衝突するまで軌道が曲げられます。人工衛星はちょうどこの間の速度で飛んでいるため、地球の方向に軌道が曲げられながら、地球から離れて行ってしまったり、地球に衝突したりしない状態になっています。重力が無ければまっすぐ宇宙空間へ飛んでいってしまうのですが、重力があるために地球の周りを回転し続けることができます。人工衛星を打ち上げる時はちょうどこの速度になるように正確に調整を行う必要があります（図5-8）。

このような調整をおこなうことで目的の軌道上を周回することになり、ある程度の時間はその軌道を維持することができます。しかし、宇宙空間は完全な真空ではないため、粒子との衝突によって減速がおき、徐々に高度が下がっていきます。国際宇宙ステーションでも軌道を維持するために定期的に燃料を噴射し高度を維持しています。

それでは地球を回る月はどうでしょうか。月は落ちてくるのではなく、むしろ少しずつ遠ざかっていることが分かっています。とは言っても1年に3.8㎝というゆっくりしたペースです。月は潮の満ち引きを起こしています（1章Q４）。これにより地球の回転エネルギーが、海の動きにより海底などで生じる摩擦熱に変わり、地球の自転は少しずつ遅くなっています。これにより地球の「角運動量」という量が減少します。地球ー月系で角運動量が保存するために、月が遠ざかっていくのです。人工衛星は地球に対してはるかに軽いため、このような現象はおきません。

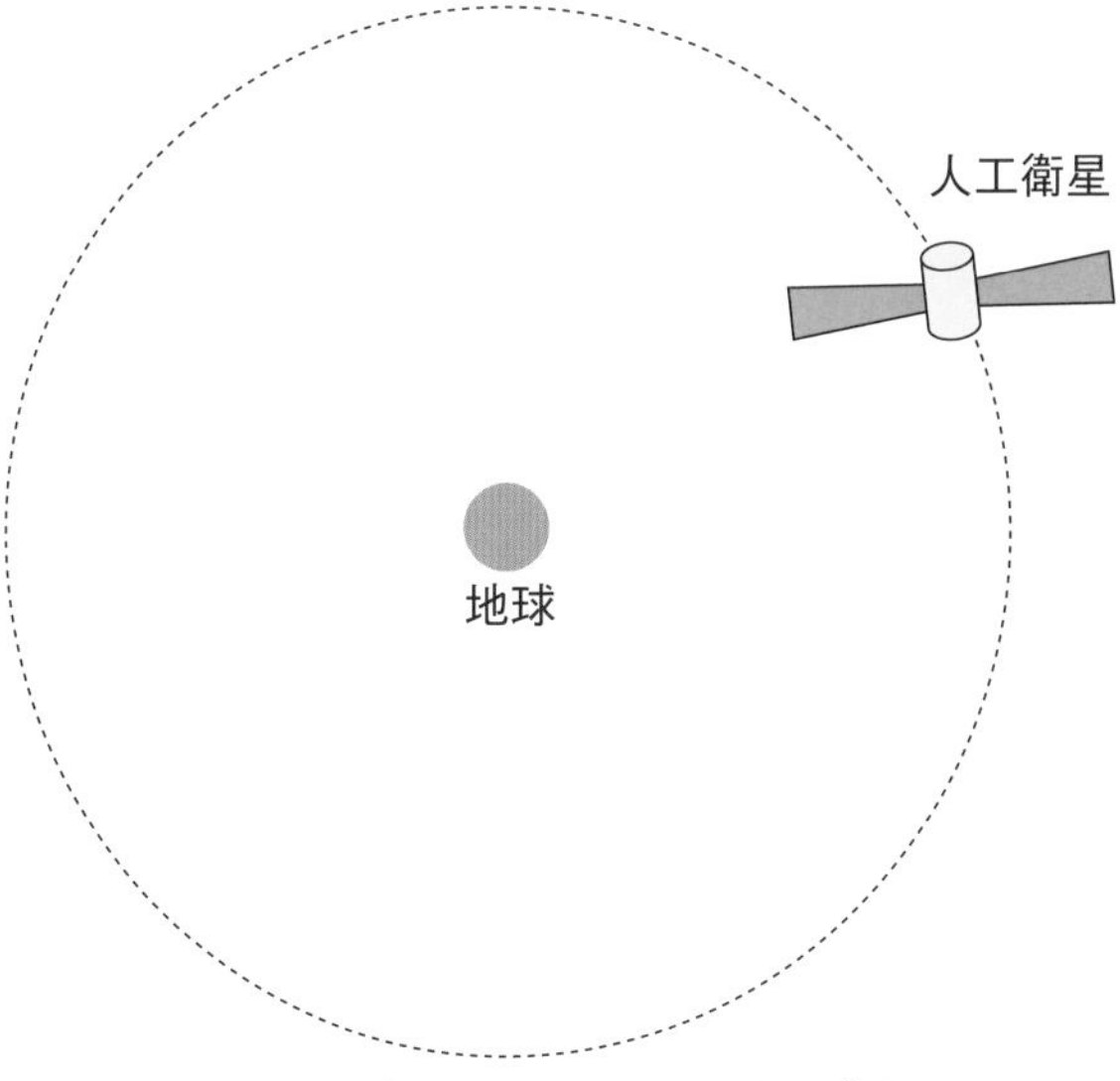

図5-8　地球の周りをまわる人工衛星

エピソード〜はやぶさ2の開発段階から帰還まで〜

著者（亀田）は2012年からはやぶさ2計画に参加し、光学航法カメラONC開発チームの副責任者として、設計検討や性能試験等を担当しました。そこで、ここでは、はやぶさ2の開発段階からこれまでのエピソードを紹介します。

はやぶさ2は2014年12月に打ち上げられ、2018年6月に小惑星リュウグウに到着しました。様々な準備が進められてはいましたが、正式に開発が始められたのは2012年に入ってからになります。これまでの惑星探査機は急いでも5年程度、長ければ10年以上の開発期間がかけられていますので、かなり大急ぎで開発を進める必要がありました。幸い、はやぶさ初号機の経験が生かされ、大半の部分の設計は変わっていませんが、はやぶさ自体打ち上げが2003年の古い探査機で、入手できない部品もありましたし、変更されている部分も少なくはありません。かなり厳しい開発スケジュールでした。打ち上げを少し遅らせることができれば良いのですが、小惑星リュウグウに最も効率よく向かうために2014年冬に打ち上げる必要がありました。

科学観測装置の開発は一筋縄ではいきません。事前の検討によって、設計に大きな見落としがあることは避けられましたが、ある程度、組み立てた段階で改善すべき点が出てきました。装置担当者はなんとか改良したいと思うわけですが、衛星全体の開発スケジュールを守ることが最優先です。議論を重ね、関係者全員で判断し、最適な対処を行うことで、開発を完了できたと思っています。

こうしてなんとか打ち上げ予定の２０１４年11月を迎えることができました。11月の中頃に、はやぶさ2を最後に自分の目で確認することができました。２０１９年4月に、爆破して小惑星にクレーターを作ることになる、火薬のつまった衝突実験装置のすぐ横に、開発を担当したカメラ３台が取り付けられていて、見た目の異常がないことを確認しました。

当初、はやぶさ2をのせたＨ２Ａロケットは、11月29日でした。その時まで6回連続で延期無しで打ち上げられていましたが、この時は悪天候のために打ち上げは12月３日に延期されました。私は12月１日まで種子島宇宙センターに滞在していましたが、12月２日には大学での講義があったため東京に戻り、12月３日は大学構内で学生達と一緒に打ち上げを見守りました。観測装置は、まずは打ち上げてもらい、探査機に目的地に連れて行ってもらってようやく成果を出すことができます。まずはその第一段階であり最も重要な打ち上げは無事成功し、はやぶさ2は小惑星リュウグウを目指して3年半の航行を開始しました。

２０１８年2月26日に、はやぶさ2のカメラに小惑星リュウグウからの光が初めて捉えられました。その時の距離は約１３０万km。３ヶ月後の6月27日には約20kmまで近づき、「到着宣言」が出されました。その時はまだリュウグウに着陸する前でしたが、着陸に向けた準備として、まずはどこに着陸するかを決めるために詳細な観測を続けるため、しばらくはこの距離20kmを保っていました。

実は、我々は事前に着陸地点を決めるための訓練を行っていました。リュウグウの形を予想し、形状モデルを作った上で、このような形状だったらどこに降りて、試料を採取するべきか、という議論を行いました。この訓練はとても役に立ったと思います。しかし、リュウグウの姿は予想していたものとは大きく異なるものでした。モデル上にも、ごつごつした岩も沢山あって、そういうところには着陸できませんが、比較的大きな岩がなく砂で覆われたような領域がありました。実際に、はやぶさ初号機が探査を行った小惑星イトカワでも同じように岩の多い領域と少ない領域があったためです。しかし、リュウグウはどの場所にも岩が多く、砂だけで覆われているような領域は全くなかったのです。これはかなりの衝撃で、それまでは順調だった計画に暗雲が立ちこめたような雰囲気でした。当初２０１８年10月末頃に行う予定だった着陸計画を延期し、表面を詳細に調査して最も良い場所を選び抜きました。見かけの形だけでなく、影の長さから岩の大きさを見積もり、大きな岩が最も少ない場所を選びました。

２０１９年2月22日、はやぶさ2は小惑星リュウグウに近づいていきました。管制室では皆祈るような気持ちで表面への接触の時を待っていました。探査機から送られてくるデータが、一度着陸して上昇したことを示した瞬間、どっと歓声が湧きました。私自身、カメラの画像を見て、こんなところに降りたら戻ってこられないのではないか、と不安でしたが、上昇を確認して本当に安心できました。その時点では、まだ表面の試料が採取できたかどうかは分かりませんでしたが、どちらにしても次がある、と皆が考えていたと思います。しばらくして探査機から詳細データが送られてきて、無事試料採取装置が作動していたことが確認されました。

その後、２０１９年４月に衝突体実験、７月に2回目の試料採取を終え、２０１９年11月に、はやぶさ2は小惑星リュウグウを離れました。採取した試料を地球に届けるため２０２０年12月６日に地球に接近してカプセルを切り離し、オーストラリアのウーメラ砂漠に向けて落としました。はやぶさ初号機は、その後12月８日に日本に輸送され、12月15日にカプセル内にリュウグウ表面の物質が入っていることが確認されました。不安な時もありましたが、最終的には大成功となり、ほっとしています。

はやぶさ初号機は、大気に突入してその役目を終えましたが、はやぶさ２はさらに宇宙の旅を続けます。幸いカメラを含め観測装置はまだ順調に動作しています。さらなる成果を期待したいと思います。

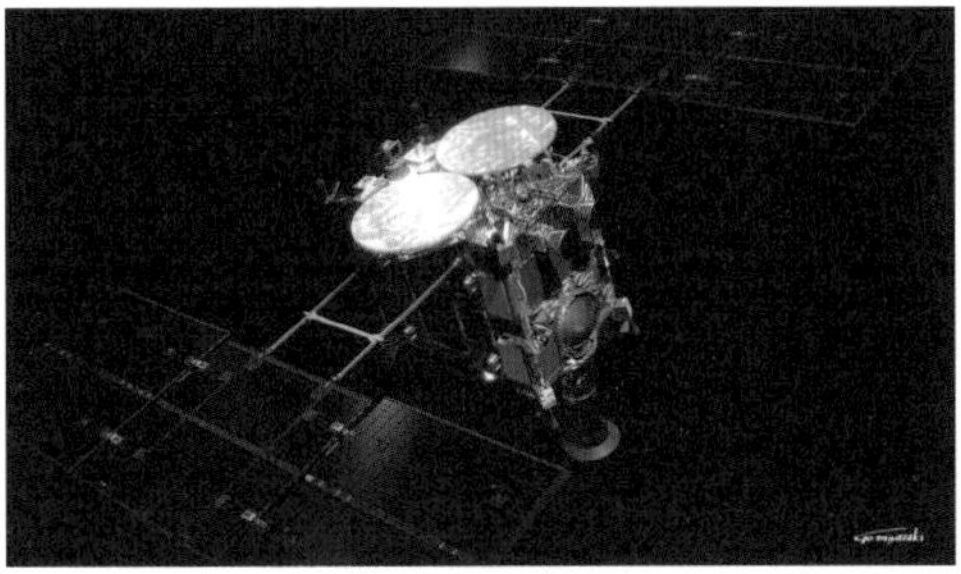

小惑星探査機はやぶさ２
提供：JAXA

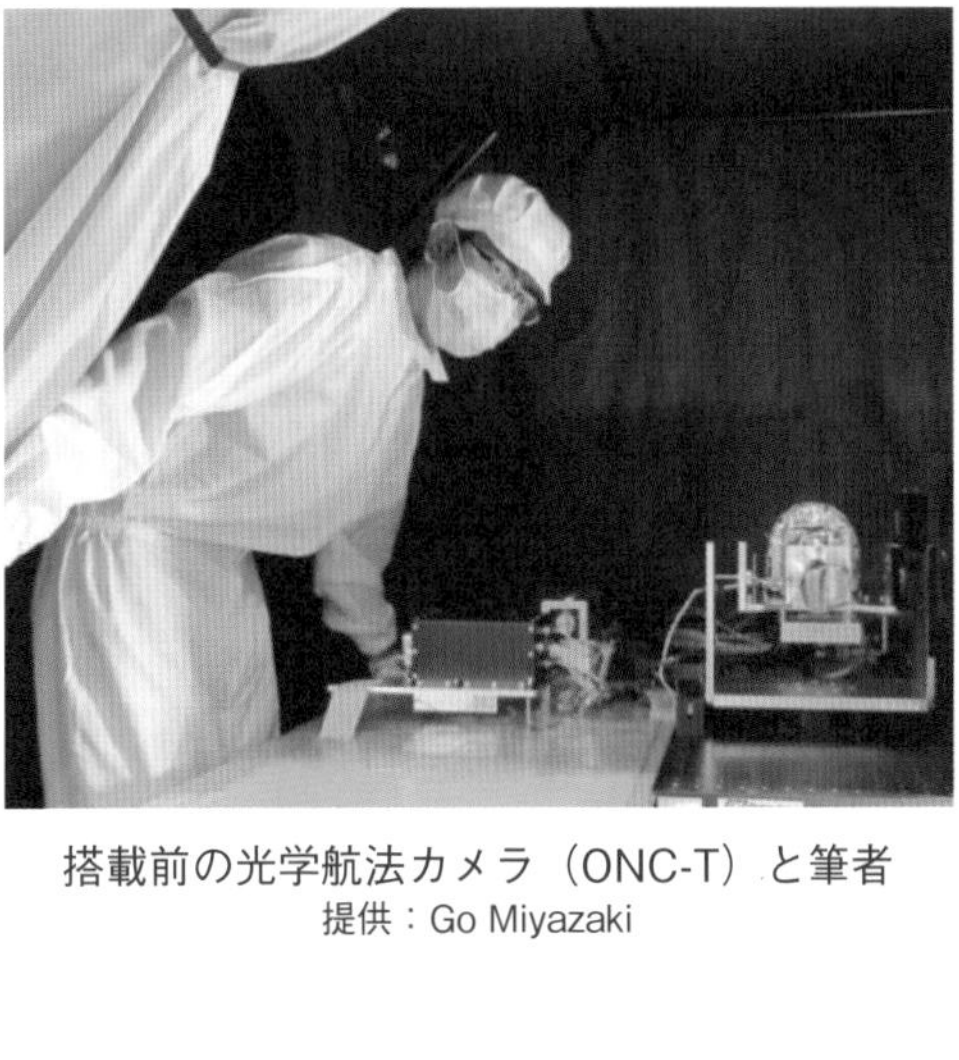

搭載前の光学航法カメラ（ONC-T）と筆者
提供：Go Miyazaki

第6章　宇宙の果て

Q1　宇宙はどんな形をしていて宇宙には果てはあるのですか？

まず宇宙に果てがあるのかという問題を考えてみましょう。宇宙の端があって、そこから先には行けないのか。そこに何か壁でもあるのか。あるいは鏡みたいになっていて、宇宙から出たと思ったら入っていたということになるのか。あるいは、そこから先は宇宙ではないどこかなのか。そもそも端っこはないのか。あるいは果てはあるが、そこに近づこうとすればするほど速さが遅くなってしまっていつまでたっても到達できないのか。

様々な想像ができてそれぞれ面白いのですが、宇宙物理学的に考えると私たちは宇宙の地平線より遠いところの情報を得ることができません。したがって、もし地平線の内側に宇宙の果てがあれば、私たちは宇宙の果てを見つけることができるかもしれませんが、地平線の外側であれば、宇宙の果てがもしあったとしてもそれを知りうる手段はありません。様々な観測で地平線内の宇宙は一様等方に非常に近いことが分かっているので、地平線内の領域に宇宙の果てがあることはなさそうです。しかし、地平線より遠いところについては何ともいえません。

一方、宇宙の形についてですが、形に関連したものとしてトポロジーと空間曲率という2つが考えられます。トポロジーというのは例えばどこまでも続く平面のようにどこまで進んでも元に戻らないのか、地球のように西に西にと進んで行けばいつの間にか元の場所に戻ってしまうのかということです。実は地平線より短い距離で元の場所に戻ってしまうトポロジーをもつ可能性については、宇宙マイクロ波背景放射などの観測によって否定的な結果が出ています。しかし、地平線より長い距離については観測的には何ともいえません。

次に空間曲率です。宇宙が一様等方だとしても、空間的な曲率はゼロ・正・負の場合がありえます（図6-1）。ゼロの場合は三角形の内角の和が180度ですが、正の場合は180度より大きく、負の場合は180度より小さくなります。宇宙の空間曲率についても宇宙マイクロ波背景放射の観測によって調べることができて、ゼロに近いことが分かっています。しかし、正または負の可能性もまだ残っています。

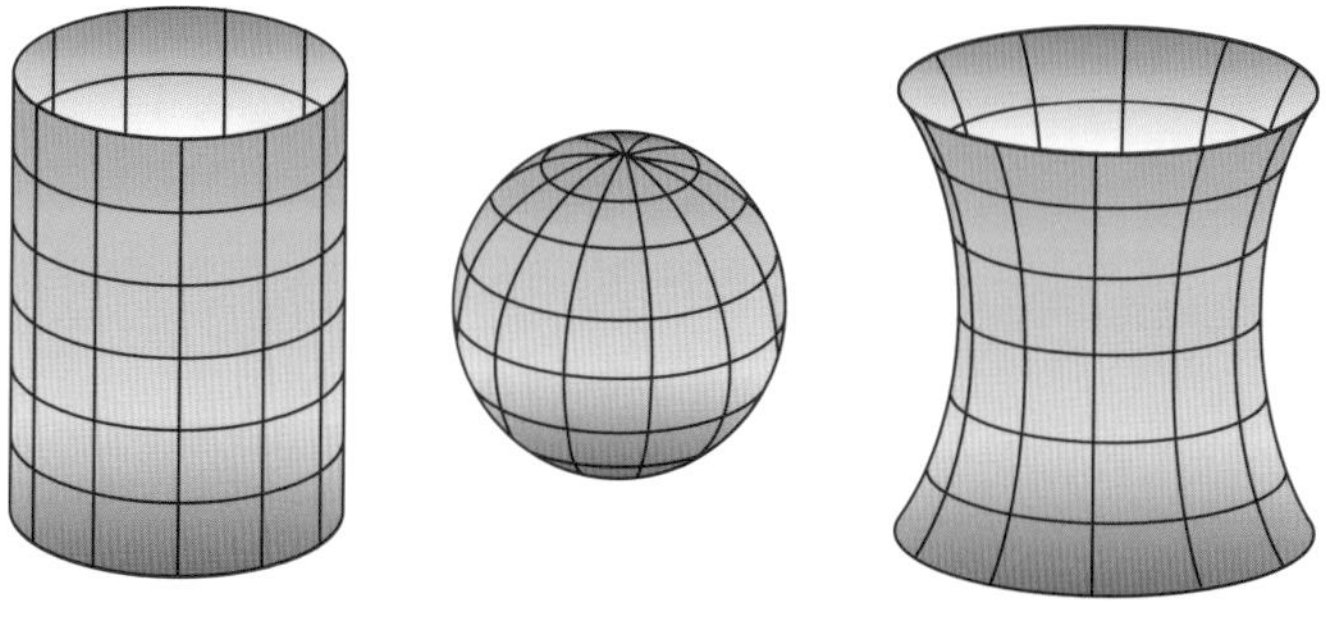

図6-1 曲率がゼロ・正・負の曲面

Q2　宇宙に始まりや終わりはあるのですか？

宇宙の時間的な端ともいえる始まりと終わりも考えてみましょう。

宇宙の始まりは、インフレーションの前ということになりますが、一般相対性理論によるとエネルギー密度が正であれば、宇宙の始まりには時空特異点といういわば時空の端があることが分かっています。この特異点はビッグバン特異点とよばれています。したがって、宇宙はビッグバン特異点から始まったということになります。このような時空特異点に近づくと、時空の曲率が非常に大きくなって、重力の量子論的な効果が非常に重要になると考えられています。一般相対性理論は古典重力理論なので、重力の量子論的な性質を記述する理論が新たに必要だということになります。このような理論を量子重力理論といいますが、名前はついているものの、それがどういうものなのかまだ分かっていません。したがって、ビッグバン特異点が量子重力理論によってどのように記述されるべきなのか定説はありませんし、どの説もいまだに推察の域を出ていないということになります。

一方、宇宙の終わりですが、仮にいま現在の加速膨張が宇宙項によるものだとしましょう。すると、宇宙膨張とともに、銀河間の距離は指数関数的にどんどん広がりますが、宇宙の地平線の長さは一定値に近づくので、最終的には宇宙の地平線の中には我々の銀河とそのごく近くにある銀河たちからなる局所銀河群しかないという寂しい状況になります。その後は加速膨張でありながら宇宙膨張としては変化のない定常的状況になって時間無限大まで続きます。宇宙の終わりは退屈な永遠の未来ということになります。一方、現在の加速膨張が宇宙項よりもさらに負の圧力が大きいダークエネルギーによるものである場合には、宇宙膨張は指数関数よりもさらに速いペースで進み、有限時間で膨張速度が無限大に達してしまう可能性がありま す。この瞬間は実は時空特異点になっていて、その名もビッグリップ（大引き裂き）特異点とよばれています（図6-2）。この場合は、ビッグリップ特異点に近づくにつれて全てのものは引き裂かれてしまうでしょう。また、宇宙の空間曲率が正である場合には、将来ある時点で宇宙膨張が止まって収縮に転じつぶれてしまう可能性もあります。これはビッグクランチ特異点とよばれています。いずれにしてもこれらの宇宙の終わりは、私たちの太陽の寿命が尽きてからずっと後の話ですが。

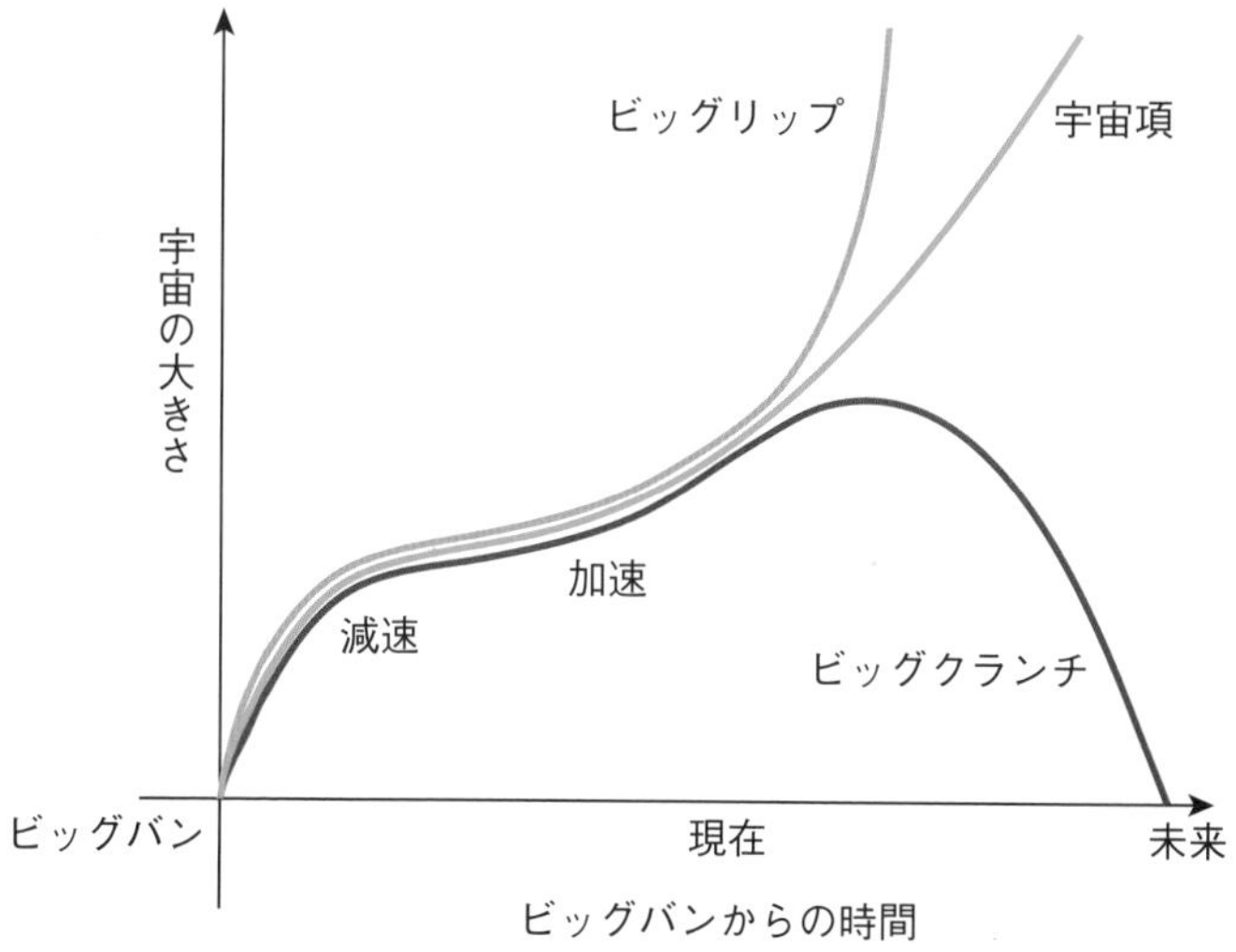

図6-2 宇宙膨張の過去・現在・未来

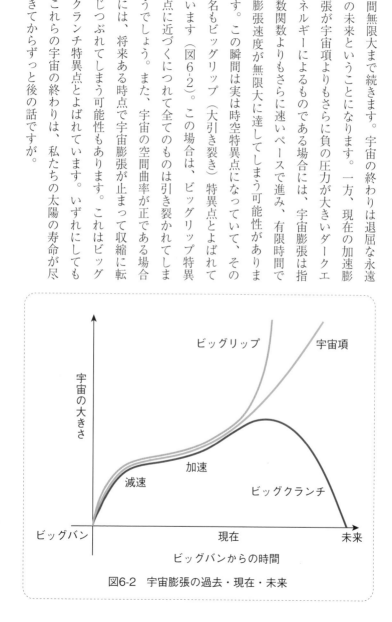

Q3　暗黒物質とダークエネルギーとは何ですか？

宇宙には様々な物質があります。私たちがよく知っているような石や鉄や空気は全て原子が集まってできていて、その原子の質量のほとんどは原子核が占めています。原子核は陽子と中性子から成り立っています。このような物質は宇宙論ではまとめてバリオンとよばれています。

このバリオンは光を放射したり吸収したりするので、観測的にその量を見積もることができるのですが、銀河や銀河団のバリオンの質量を見積もってみると、重力から推測される質量よりもずっと少ないことが分かりました。これはバリオンではない「失われた質量」が大量にあるということで、この質量を暗黒物質（ダークマター）とよびます。これは１９３３年にフリッツ・ツビッキーによって導入されました。暗黒物質は光を放射したり吸収したりほとんどしないのに、重力は及ぼします。暗黒物質は銀河や銀河団の質量を説明するだけでなく、宇宙膨張に影響を与え、宇宙の構造形成にも非常に重要な役割を果たすことが分かっています。暗黒物質は現在の宇宙の全物質の84％ほどを占め、宇宙の全エネルギーの約27％を占めると考えられています（図6-3）。暗黒物質の性質は宇宙物理学的および宇宙論的な観測によって非常に良く分かっていますが、その正体がどのような物質なのかについては謎のままです。

一方、ダークエネルギーというのは、名前は少し似ていますが、暗黒物質とは全く別物です。ダークエネルギーは宇宙を加速膨張させるために必要なエネルギーです。暗黒物質は圧力をもっていませんが、ダークエネルギーは大きな負の圧力をもっています。ただしそのエネルギー密度は正です。ダークエネルギーが現在の宇宙のエネルギー密度に占める割合は約68％と観測的に推定されています。ダークエネルギーの標準的候補は宇宙項です。宇宙項をより基礎的な理論から説明しようとする試みは数多くありますが、強い説得力のあるものはありません。一方、宇宙項以外の模型もたくさんありますが、やはりたくさんある模型から抜きんでたものはないようです。

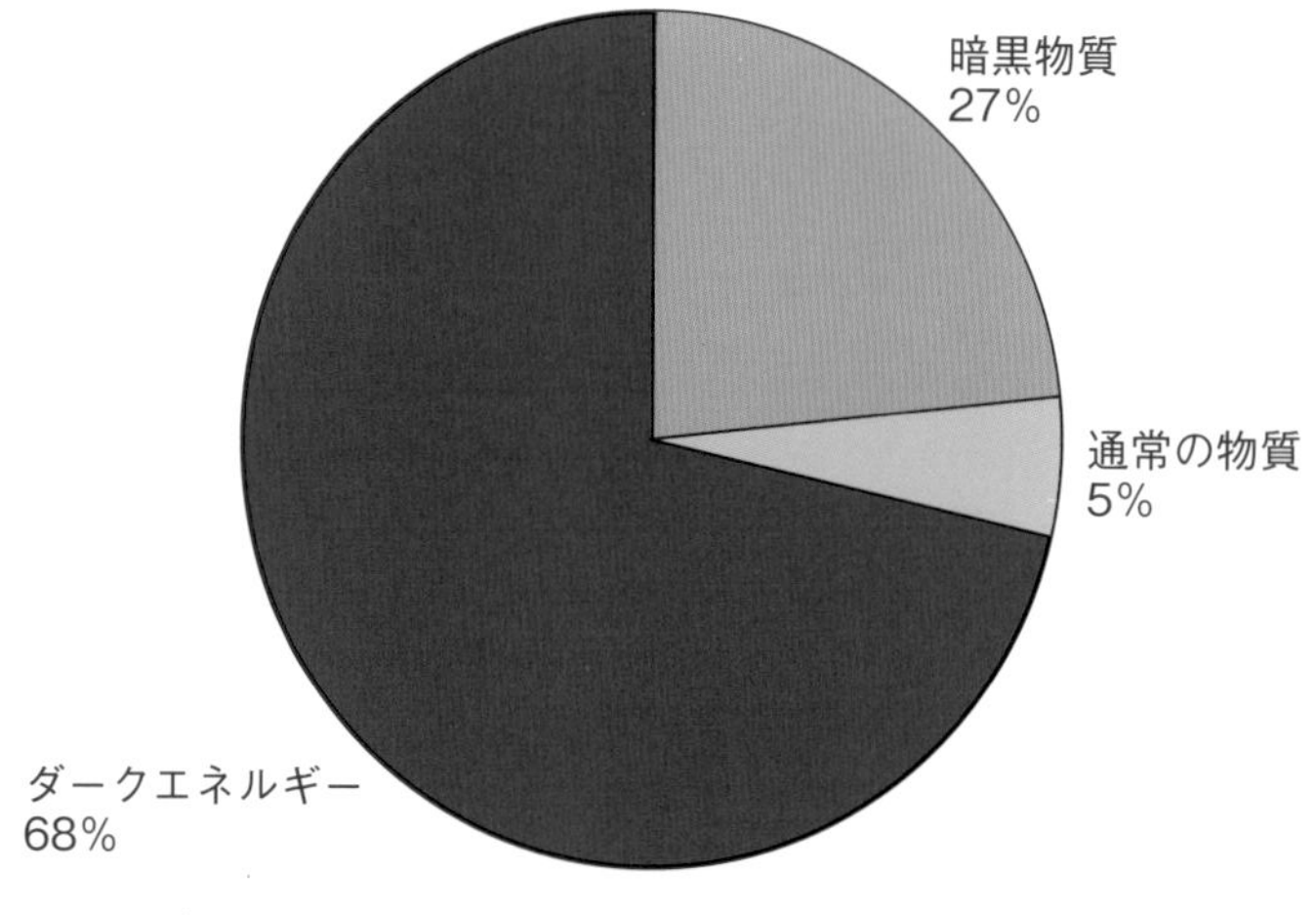

図6-3　宇宙のエネルギー組成

Q4　重力とは何ですか？

どんな2つの物体にも、それぞれの質量に比例し物体間の距離の2乗に反比例する引力が働きます（図6-4上）。これを万有引力または重力といいます。これはアイザック・ニュートンが1680年頃に定式化した法則なので、ニュートン重力ともいいます。

ところが、アルバート・アインシュタインは、ニュートン重力は自らが1905年に提案した特殊相対性理論と相いれないことに気づきました。そして、1915年から1916年にかけて相対性理論の考え方と矛盾しない重力理論を提案しました。しかし、この理論は特殊相対性理論の枠組みには収まらず、私たちの住んでいる時間と空間をまとめた4次元時空の概念を根本的に変更することになりました。これを一般相対性理論（一般相対論）といいます。一般相対性理論では、重力は単なる力の法則ではなく時空の曲がりであるということを提唱しました（図6-4下）。現在では一般相対性理論は重力の標準理論として広く受け入れられています。一般相対性理論は、万有引力だけでなく、ブラックホールや宇宙膨張や重力波など、およそ重力と関係するものの全てを扱うことのできる一般理論になっています。

ではなぜ重力がそんなに重要なのでしょうか。自然界には重力を含めて4つの基本的な力があります。強い力・弱い力・電磁気力・重力です。実は、これらの4つのうち重力はとびぬけて弱いのです。しかし、このうち、強い力と弱い力は届く距離が非常に短いので巨視的な天体には直接関係しません。一方、電磁気力と重力はどちらも届く距離が無限大です。しかし、電磁気力の場合、電荷には正と負があり、同符号の電荷間には斥力、異符号の電荷間には引力が働きます。このため、例えば正の電荷の周りには負の電荷が集まり、より巨視的に見ると電荷が中性化されて電磁気力が働かなくなってしまいます。このような遮蔽効果により電磁気力が届く距離は実質的に有限になります。一方、重力の場合には全ての質量同士に引力が働き、遮蔽することはできません。そのため、重力は４つの力のうちで唯一、実質的にも長距離力になっているため、巨視的な天体である月や地球から果ては銀河や銀河団などにとって、最も重要な力になっているのです。

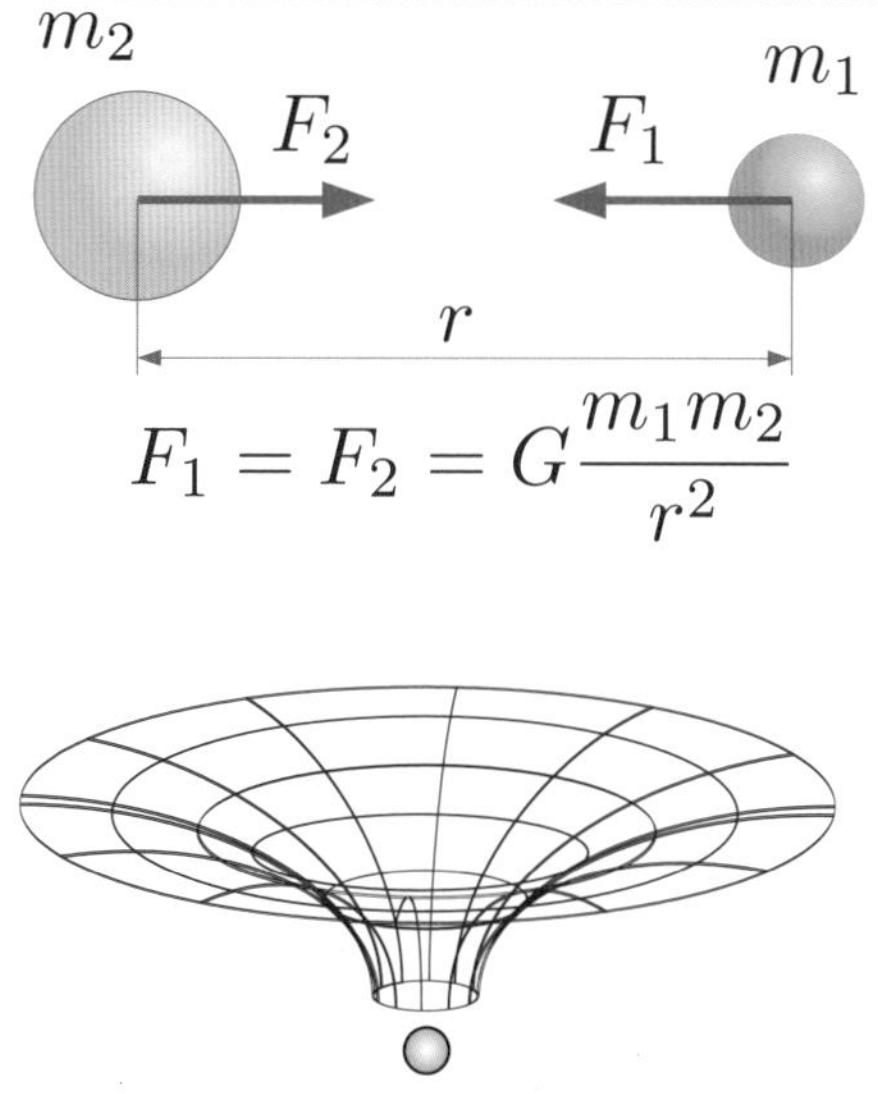

図6-4　万有引力の法則とブラックホールの時空の曲がり方

Q5　重力波とは何ですか？

重力波とは一般相対性理論が予言する時空のさざ波のようなものです。といってもわかりにくいので最初から説明します。

時空とは四次元の曲面で、1つの方向を時間方向にしたものです。一般相対性理論では重力は時空の曲がりであると考えます。時空の曲がり方を決めているのがアインシュタイン方程式です。重力がない状態は曲がっていない時空、つまり、まっ平らな時空です。

重力が弱い時空というのは、ほとんど平らだけれども少しだけ曲がっている時空ということになります。これにアインシュタイン方程式を適用すると、2つの異なる性質をもつ解が得られます。1つは通常のニュートン重力です。万有引力ですね。もう1つは真空中で光の速さと同じ速さで伝わる波です。これを重力波といいます。重力波はアインシュタインによって、1916年に予言されました。

重力波には面白い性質があります。まず光の速さで伝わります。それから横波です。横波とは振動方向が波の伝わる方向と垂直であるということです。それから、波の振動方向が異なる2つのモードがあります。これを偏極といいます。重力波は非球対称な質量分布が加速度運動するときに出ます。その典型例が2つの星が互いの周りを回る連星系です（図6-5）。重力波の振幅は伝播する距離に反比例します。また、重力波と物質の相互作用は非常に弱く、重力波は物質をほとんど透過してしまいます。

重力波を検出することが試みられてきましたが、長い間、検出することができませんでした。一方、1974年にラッセル・ハルスとジョセフ・テイラーは連星パルサーの観測によって、連星の公転周期が減少することを発見し、これが重力波によるエネルギー損失によって完全に説明できることを示しました。彼らは1993年にノーベル物理学賞を受賞しました。その後、ついに2015年にアメリカの重力波観測装置であるLIGOが重力波を直接とらえることに成功しました。この計画を主導したレイナー・ワイスとバリー・バリッシュとキップ・ソーンは2017年にノーベル物理学賞を受賞しました。現在、多くのブラックホール連星からの重力波がLIGOおよびヨーロッパのVirgoによって検出されています。日本の重力波観測装置KAGRAも2020年に正式に観測を開始しました。

図6-5 連星から放射される重力波

これはアインシュタインが考えた有名な疑問です。光というのは電磁場の振動が一定の速さで伝わる現象で、電磁波ともいいます。私たち人間は、ある一定の波長域（可視域）の電磁波を目で知覚することができます。電磁波は一定の速さで伝わります。では電磁波の速さは誰に対する速さなのかというのが、長い間、物理学者を悩ませた問題です。地面に静止している太郎さんにとって、光がある一定の速さで伝わるとすると、リニアモーターカー（図6-6）に乗って光を追いかけている花子さんはそれより遅い光を見るのでしょうか。光の速さで光を追いかけている良子さんは光が止まっているのを見るのでしょうか。

Q6 光を追いかけたら光は遅くなりますか？

アインシュタインはそんなことはないと考えました。そこでアインシュタインはどの慣性系から見ても光はやはり一定の速さで伝わるのだと考えました。ここで慣性系というのは、慣性の法則が成り立つような座標系のことです。そこでアインシュタインは１９０５年に、全ての慣性系において光速度は一定であるということを原理として採用して理論を作りました。これを特殊相対性理論（特殊相対論）といいます。アインシュタインは光速度一定の原理を思考実験によって見出したといわれていますが、光速度が地球の運動にもかかわらず高い精度で一定であることは、１８８７年にマイケルソン・モーリーの実験によって明らかにされました。

アインシュタインは光速度一定の原理から慣性系同士が満たすべき変換則を見出しました。これがローレンツ変換です。ローレンツ変換によって、特殊相対性理論で現れる様々な不思議な現象が導かれます。例えば花子さんが光の60％の速さで太郎さんに対して運動している場合、太郎さんが花子さんを観測すると、花子さんの時間は25％だけゆっくり進み、花子さんの進行方向の長さが20％だけ短縮します。また、光を追いかけても光の速さが変わらないことに対応して、速度の合成則も変更を受けます。光速の90％で飛ぶ粒子を光速の70％で進むロケットで追いかけたとしても、その粒子の速度が光速の20％と観測されるわけではありません。詳しい計算によるとロケットに乗っている観測者が観測する粒子の速さは光速の約54％になります。

図6-6　時速600km を記録したリニアモーターカー

Q7　世の中の物質はどうやってできたのですか？

私たちの周りには、鉄や銅などの金属、木や草、プラスチックやビニール、空気や水、石、岩など様々なものがあります。これらのものは、酸素、炭素、ケイ素、水素、窒素などの元素からできています。また鉄や銅はこれら自体が元素です。これらの元素はどのようにできたのでしょうか。

宇宙全体でみると、元素の中でも水素とヘリウムの存在量が非常に多いです。これらの元素はビッグバンの過程でできたと考えられています。これをビッグバン元素合成といいます。宇宙が高温・高密度の状態であったときは、陽子、中性子、電子、光が混然一体となった状態だったのですが、その後宇宙が冷えていくにつれて、原子番号1の水素1原子核（陽子単体）が約75％と、陽子2つと中性子2つが結合し原子番号2のヘリウム4原子核が約25％できました。その他の元素も少しできるのですが、原子番号4のベリリウム8という元素より原子番号が大きい元素はできません。

周期表（図6-7）によると、ベリリウムの次はホウ素でそこからおなじみの炭素、窒素、酸素と続きます。これらの元素はビッグバン元素合成ではできません。これらの元素は恒星の進化でできたと考えられます。恒星は光り始めるとまず水素を燃やします。ここで水素が燃えるというのは、水素原子が核融合反応でヘリウムになってその際に光や熱としてエネルギーが放出されることです。この段階の恒星を主系列星といいます。その後、星の中心部で水素がなくなると、今度はヘリウムを燃やして炭素・酸素ができます。質量の重い星はさらに反応が進んで、ネオン、マグネシウム、ケイ素などを経て最終的に鉄までできます。ある程度重い星の場合には最後に超新星爆発を起こして、これらの重い元素を周囲にばらまき、中心部に中性子星ができます。また、超新星爆発の過程でも元素合成が起こり、鉄より重い元素もできます。こうして周囲にばらまかれた重元素が、次の恒星やその恒星系の惑星の材料に含まれることになります。

　しかし、金や白金などの鉄より重い元素は、超新星爆発の過程で合成される量では現在の存在量が説明できないので、最近は、中性子星同士の連星の合体過程でそのような重い元素ができたのではないかともいわれています。

周期＼族	1	2	3	4	5	6	7	8	9	10	11	12	13	14	15	16	17	18
1	1 H 水素 Hydrogen 1.00798																	2 He ヘリウム Helium 4.0026
2	3 Li リチウム Lithium 6.968	4 Be ベリリウム Beryllium 9.01218											5 B 硼(ホウ)素 Boron 10.814	6 C 炭素 Carbon 12.0106	7 N 窒素 Nitrogen 14.0069	8 O 酸素 Oxygen 15.9994	9 F 弗(フッ)素 Fluorine 18.9984	10 Ne ネオン Neon 20.1797
3	11 Na ナトリウム Sodium 22.9898	12 Mg マグネシウム Magnesium 24.306											13 Al アルミニウム Aluminum 26.9815	14 Si 珪(ケイ)素 Silicon 28.085	15 P 燐(リン) Phosphorus 30.9738	16 S 硫黄 Sulfur 32.068	17 Cl 塩素 Chlorine 35.452	18 Ar アルゴン Argon 39.948
4	19 K カリウム Potassium 39.0983	20 Ca カルシウム Calcium 40.078	21 Sc スカンジウム Scandium 44.9559	22 Ti チタン Titanium 47.867	23 V バナジウム Vanadium 50.9415	24 Cr クロム Chromium 51.9961	25 Mn マンガン Manganese 54.938	26 Fe 鉄 Iron 55.845	27 Co コバルト Cobalt 58.9332	28 Ni ニッケル Nickel 58.6934	29 Cu 銅 Copper 63.546	30 Zn 亜鉛 Zinc 65.38	31 Ga ガリウム Gallium 69.723	32 Ge ゲルマニウム Germanium 72.630	33 As 砒(ヒ)素 Arsenic 74.9216	34 Se セレン Selenium 78.971	35 Br 臭素 Bromine 79.904	36 Kr クリプトン Krypton 83.798
5	37 Rb ルビジウム Rubidium 85.4678	38 Sr ストロンチウム Strontium 87.62	39 Y イットリウム Yttrium 88.9058	40 Zr ジルコニウム Zirconium 91.224	41 Nb ニオブ Niobium 92.9064	42 Mo モリブデン Molybdenum 95.95	43 Tc テクネチウム Technetium [99]	44 Ru ルテニウム Ruthenium 101.07	45 Rh ロジウム Rhodium 102.906	46 Pd パラジウム Palladium 106.42	47 Ag 銀 Silver 107.868	48 Cd カドミウム Cadmium 112.414	49 In インジウム Indium 114.818	50 Sn 錫(スズ) Tin 118.710	51 Sb アンチモン Antimony 121.760	52 Te テルル Tellurium 127.60	53 I 沃(ヨウ)素 Iodine 126.904	54 Xe キセノン Xenon 131.293
6	55 Cs セシウム Cesium 132.905	56 Ba バリウム Barium 137.327	※1	72 Hf ハフニウム Hafnium 178.49	73 Ta タンタル Tantalum 180.948	74 W タングステン Tungsten 183.84	75 Re レニウム Rhenium 186.207	76 Os オスミウム Osmium 190.23	77 Ir イリジウム Iridium 192.217	78 Pt 白金(プラチナ) Platinum 195.084	79 Au 金 Gold 196.967	80 Hg 水銀 Mercury 200.592	81 Tl タリウム Thallium 204.384	82 Pb 鉛 Lead 207.2	83 Bi ビスマス Bismuth 208.980	84 Po ポロニウム Polonium [210]	85 At アスタチン Astatine [210]	86 Rn ラドン Radon [222]
7	87 Fr フランシウム Francium [223]	88 Ra ラジウム Radium [226]	※2	104 Rf ラザホージウム Rutherfordium [267]	105 Db ドブニウム Dubnium [268]	106 Sg シーボーギウム Seaborgium [271]	107 Bh ボーリウム Bohrium [272]	108 Hs ハッシウム Hassium [277]	109 Mt マイトネリウム Meitnerium [276]	110 Ds ダームスタチウム Darmstadtium [281]	111 Rg レントゲニウム Roentgenium [280]	112 Cn コペルニシウム Copernicium [285]	113 Nh ニホニウム Nihonium [278]	114 Fl フレロビウム Flerovium [289]	115 Mc モスコビウム Moscovium [289]	116 Lv リバモリウム Livermorium [293]	117 Ts テネシン Tennessine [293]	118 Og オガネソン Oganesson [294]

※1 ランタノイド系	57 La ランタン Lanthanum 138.905	58 Ce セリウム Cerium 140.116	59 Pr プラセオジム Praseodymium 140.908	60 Nd ネオジム Neodymium 144.242	61 Pm プロメチウム Promethium [145]	62 Sm サマリウム Samarium 150.36	63 Eu ユウロピウム Europium 151.964	64 Gd ガドリニウム Gadolinium 157.25	65 Tb テルビウム Terbium 158.925	66 Dy ジスプロシウム Dysprosium 162.500	67 Ho ホルミウム Holmium 164.930	68 Er エルビウム Erbium 167.259	69 Tm ツリウム Thulium 168.934	70 Yb イッテルビウム Ytterbium 173.045	71 Lu ルテチウム Lutetium 174.967
※2 アクチノイド系	89 Ac アクチニウム Actinium [227]	90 Th トリウム Thorium 232.038	91 Pa プロトアクチニウム Protactinium 231.036	92 U ウラン Uranium 238.029	93 Np ネプツニウム Neptunium [237]	94 Pu プルトニウム Plutonium [239]	95 Am アメリシウム Americium [243]	96 Cm キュリウム Curium [247]	97 Bk バークリウム Berkelium [247]	98 Cf カリホルニウム Californium [252]	99 Es アインスタイニウム Einsteinium [252]	100 Fm フェルミウム Fermium [257]	101 Md メンデレビウム Mendelevium [258]	102 No ノーベリウム Nobelium [259]	103 Lr ローレンシウム Lawrencium [262]

図6-7　周期表

Q8 ワープとは何ですか？

ワープというのはもともと物理学の言葉ではないようです。サイエンスフィクション（ＳＦ）で使われたのが最初ではないでしょうか。遠く離れた２つの地点を、何らかの方法で短時間・短距離で移動するというような意味ですね。

ではワープは現実には可能なのでしょうか。特殊相対性理論によると、通常の物質は光の速さより速く運動することはできません。したがって最低限、２つの地点の間の距離を光の速さで割った時間はどうしてもかかってしまいます。例えば、私たちの銀河からアンドロメダ銀河までは約２５０万光年離れていますので、どんなに速い宇宙船に乗っても約２５０万年はかかってしまうということになります。これではワープにはなりません。特殊相対性理論の範囲内ではワープはありえないということです。

ところが、一般相対性理論によって時空は曲がることのできる4次元空間であることが明らかになりました。曲がることができれば、リンゴの表面から向こう側の表面に、虫食い穴があいているような状態も可能かもしれません。このような時空では近道ができるということです。これをワームホールといいます。図6-8のように、通常は赤い遠回りの経路を通らなければならないのですが、緑のようなワームホールを通る経路が許されていれば、ずっと近道をするつまりワープすることができます。一方、ワームホールの先が全く別の宇宙とつながっていることだってあるかもしれません。

　ではワームホールを作ることはできるのでしょうか。一般相対性理論によると、ワームホールを作るためには負のエネルギー密度をもつ物質（エキゾチック物質）が必要です。しかも人間が通れるくらいの巨視的なワームホールを作るためには大量の負のエネルギーが必要です。負のエネルギーは微小なものであれば存在すると考えられていますが、大量に作る方法は知られていません。今のところ、ワームホールを作り出すことは不可能だと決めつけることはできませんが、私たちはその作り方を知らないし、原理的に作れない可能性もあります。

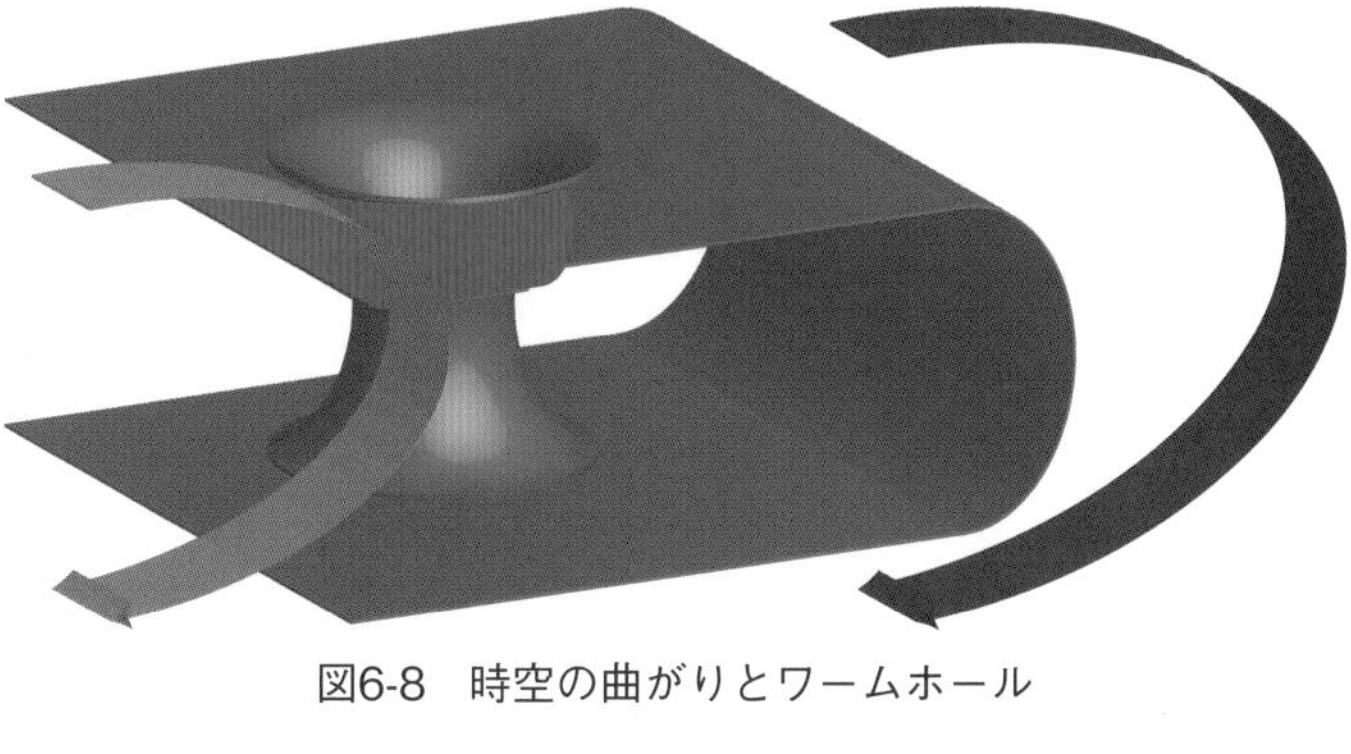

図6-8　時空の曲がりとワームホール

Q9 相対性理論とは何ですか?

相対性理論という言葉は聞いたことがあると思いますが、それがどういうものなのか分からないという人が多いでしょう。順を追って説明しましょう。

まず物理学を習って最初に出てくるのが、「力が働いていない物体は、最初に静止していればそのまま静止し続け、最初に運動していれば等速直線運動を続ける」という慣性の法則です。この法則は実はどんな場合にも成り立つというわけではありません。加速する電車内では慣性の法則は成り立ちません。そこで慣性の法則が成り立つ座標系を慣性系といいます。

慣性系は1つではなく無数にあります。慣性系同士は互いに等速直線運動し、ニュートン力学では、それらはガリレイ変換という変換で移されます。それらの慣性系の各々についてニュートン力学の諸法則が成り立ちます。これらの慣性系の中に絶対的なものはなく全て平等です。これをガリレイの相対性原理といいます。

ところが19世紀にジェームズ・クラーク・マクスウェルらが電磁気学を定式化すると、光(電磁波)の速度が一定であることが明らかになりました。ガリレイ変換の速度の変換則からすると、慣性系ごとに光の速さは違うはずなので、慣性系のうち、光速度が一定になる絶対的なものとそうでないものとがあるはずです。しかしいくら実験しても、どの慣性系でも光速度は一定という結果しか出てきませんでした。

ついに1905年に、アルバート・アインシュタイン(図6-9)は絶対的な慣性系という考えを捨て、光の速度は全ての慣性系において一定であるという原理を採用しました。そうなるために２つの慣性系同士はガリレイ変換ではなくローレンツ変換によって変換する必要があります。これは特殊相対性理論（特殊相対論）とよばれています。

さらに、アインシュタインはニュートン重力が特殊相対論と相容れないことに気づき、１９１５年から１９１６年にかけて、重力と相対性原理が整合する理論を提案しました。これが一般相対性理論（一般相対論）です。ここでは慣性系は局所的にしか定義できないことになります。さらに、時空の曲がりこそが重力であると考えます。時空の曲率は物質によって決まり、これを決める方程式がアインシュタイン方程式です。

図6-9　アルバート・アインシュタイン

Q10 タイムマシンは作れますか？

車や飛行機は行きたい場所に行けますが、タイムマシンは行きたい時間に行ける夢の乗り物です。さて、タイムマシンは作ることができるのでしょうか。

その前にまず時間の流れについて考えてみましょう。私たちは通常、1分かけて現在から1分後の世界に行きます。このような意味で我々は少しずつ未来に行っているわけです。

ではまずタイムマシンで未来に行くことを考えてみましょう。さきほど見たように1分かけて1分後の世界に行くことは当たり前なので、例えば1分かけて2分後の世界に行くことを未来に行くということにします。これは可能かというと実は可能です。しかも未来に行くタイムマシンは既にあるのです。特殊相対性理論には時間の遅れという効果があります。例えば、光の99.98％の速さの乗り物の中では地上で静止している人に比べて時間の進みが約50倍も遅くなります。これにより光の99.98％の速さのロケットで1年間旅をして帰ってくると、約50年後の世界に行くことができるのです。これは未来に行けるタイムマシンといえるでしょう。もう少し現実的な例としては、ジェット機（図6-10）に1日乗ると、1日と1億分の4秒ほど後の未来に行くことができます。

では、過去に行くことはできるでしょうか。特殊相対性理論では過去に行くような効果は得られません。キップ・ソーンらは、1988年に一般相対性理論的考察からワームホールを使ってタイムマシンを作り出せる可能性を提起しました。しかし、それには未知の物質と未知の技術が必要です。また、過去に行くことが可能だとすると困った問題も出てきます。例えば、太郎君がタイムマシンで過去に行って自分のおじいさんがおばあさんと結婚する前に誤っておじいさんを死なせてしまうと、太郎君は生まれてこないことになるのでおじいさんは死なないですむことになってしまうという「親殺しのパラドックス」が有名です。スティーヴン・ホーキングは1992年に時間順序保護予想を提案して、過去に行けるタイムマシンは作ることができないと予想しています。いずれにしても、現在のところ、過去に行けるタイムマシンを私たちは知らないし、作り方も分からないし、原理的に作れないかもしれません。

図6-10 ジェット機は少し未来に行けるタイムマシン

Q11 ガンマ線バーストというのは何ですか？

ガンマ線バーストとは、ビッグバンを除くと、宇宙最大の爆発現象です。ガンマ線とはX線より波長の短い光子です。そのような光子が、短い継続時間ですが、典型的な銀河全体が出す光のエネルギーを超えるような明るさで放出される現象です。継続時間は、短いものでは1秒の数十分の1、長いものでは数千秒続きます。継続時間中にも明るくなったり暗くなったり激しい強度変動を示す場合もあります（図6-11）。

ガンマ線バーストと言っても種類があることが分かっています。かつては、ソフトガンマ線リピーターとよばれる別の現象も混同されていましたが、それを除いてもさらに2種類あります。継続時間がおよそ2秒を境に、短いものと長いものは、別物であろうと考えられ、短いものをショートガンマ線バースト、長いものをロングガンマ線バーストとよびます。

ロングガンマ線バーストは超新星爆発の一種です。大質量星の爆発で、通常の超新星（スーパーノバ）よりも10倍程度明るいので、区別して極超新星（ハイパーノバ）とよばれています。極超新星では、ブラックホールが形成されると考えられています。極超新星が爆発すると、光の速度に近い速度で物質がジェット状に放出され、その物質同士、あるいは周りの物質と衝突して、大きなエネルギーを発生し、非常に多くのガンマ線が放出されるのです。また、非常に速い速度であるので、物質が走っている方向に集中してガンマ線が放射されます。ジェットの方向が私たちの方向を向いていると、ガンマ線バーストとして観測されるのです。

一方、ショートガンマ線バーストは、やはり、可視光等でも観測されて、遠くの銀河で起こっていることは分かるのですが、原因は不明でした。そして、ついに２０１７年に検出された重力波現象（ＧＷ１７０８１７）と同時にショートガンマ線バーストが検出されました。これは、中性子星の合体と解釈されています。ただ、このように重力波現象と一致した例はわずかです。

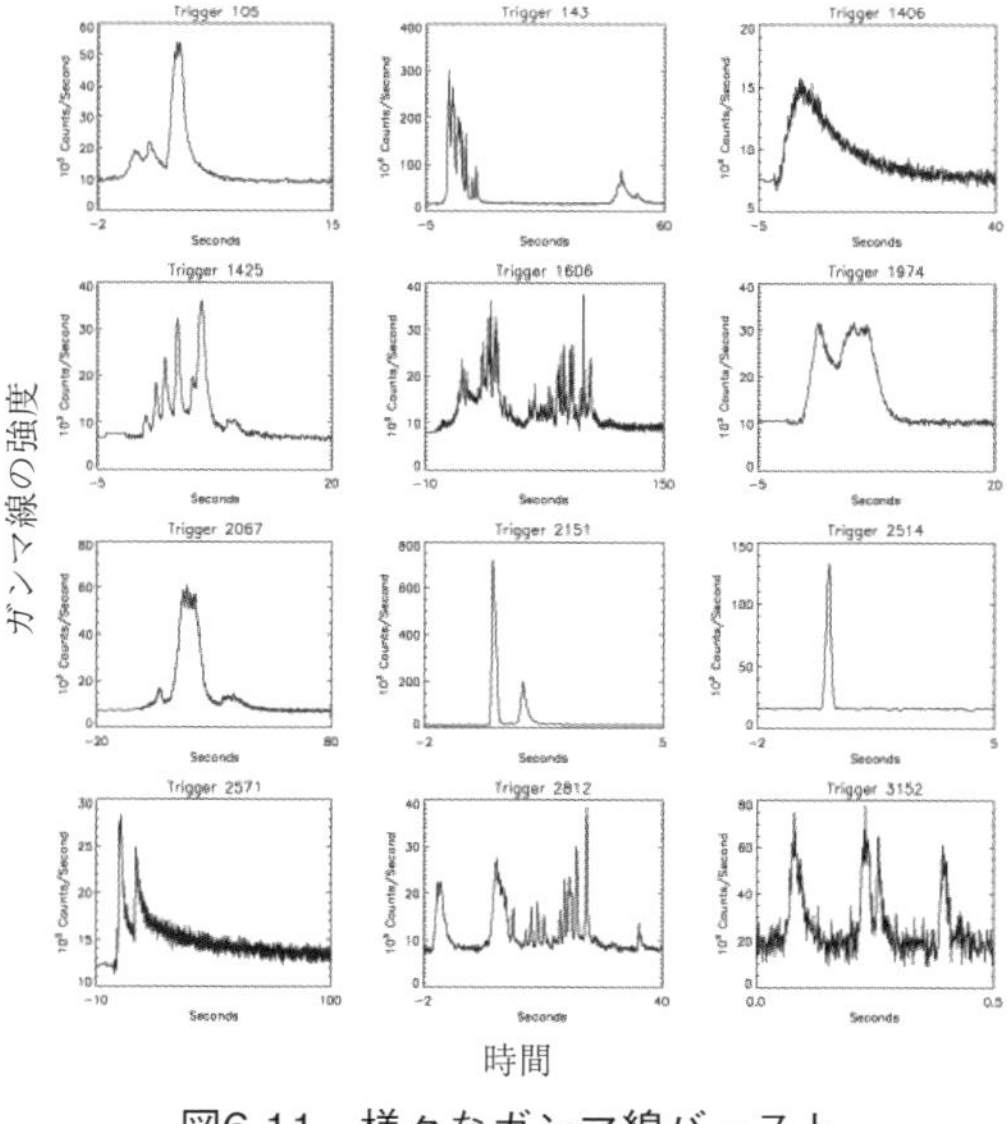

図6-11　様々なガンマ線バースト

Q12　ガンマ線バーストの距離論争

ガンマ線バーストは１９７３年に論文として発表されて以来、長らく正体は全く謎のままでした。ガンマ線バーストは、いつ起こるのか分からないため、突然起こる現象を捉えなければいけません。また、どの方向からガンマ線がやってきたのか正確に決めることが大変難しいのです。

観測が進んで、いろいろな方法で、およその方向が分かるようになり、多くのガンマ線バーストのおよその方向が調べられました。その分布はほぼ等方的でした。また、強度分布を調べると、ある距離より遠くにはガンマ線バーストを起こす天体が少ないということが分かりました。この特徴を説明する２つの説で大変な論争が起こりました。１つは、「ガンマ線バーストを起こす天体は私たちの銀河系にあるのだけれど、星が分布する天の川よりももっと広い範囲に広がって分布しているので、ほぼ等方的に見える。そして、私たちの銀河系の端では天体が少なくなる」と考える説と、「私たちの銀河系から非常に遠くにあって、ほぼ一様に分布している。そして宇宙の果てでガンマ線バーストを起こす天体がなくなる」という説です。前者なら、暗いガンマ線バーストを調べれば、隣のアンドロメダ銀河の周りには多くのガンマ線バースト源があると期待できますが、その傾向は見えません。後者なら、ガンマ線バーストのエネルギーが非常に大きくなり、当時としてはエネルギーが大きすぎるため、いろいろな問題点が指摘されました。そして、１９９５年にアメリカのスミソニアンの歴史博物館で、「ガンマ線バーストまでの距離」として、ドナルド・Ｑ・ラム博士（シカゴ大）

とボフダン・パチンスキー博士（プリンストン大）が、それぞれがそれぞれの主張で公開講演をして、聴衆の意見を聞くという企画が開催されました（図6-12）。２０２０年の今でもＮＡＳＡのホームページなどでこの公開講演会の記事や、講演論文を読むことができます。

その後、イタリアの衛星（BeppoSAX）が、ロングガンマ線バーストの発生方向にX線の放射を発見し、詳しく位置を決定し、ロングガンマ線バーストは私たちの銀河から非常に遠くにあって、非常に大きなエネルギーを放射する現象であることが確認されました。

図6-12　ドナルド・Q・ラム博士（左）とボフダン・パチンスキー博士（右）

エピソード〜宇宙で1番○○なのは何ですか?〜

「世界で1番長い川は?」正解は「ナイル川」ですね。では「宇宙で1番○○なのは?」というクイズをやってみましょう。

「宇宙で1番明るい天体現象は?」答えはガンマ線バーストでしょう。ガンマ線バーストの明るさは正確には分かっていないのですが、宇宙の地平線内にある宇宙全体の全ての星々の明るさを合計したものと同程度と考えられています。

「宇宙で1番大きい天体は」銀河団または超銀河団です。直径が2000万光年になるものもあります。ちなみに宇宙の地平線の長さはおよそ465億光年です。宇宙はきっとそれより大きいでしょうが、地平線より遠くを観測する手段がありません。

「宇宙で1番小さいものは?」答えは素粒子です。古典的には大きさはありません。電子やニュートリノやクォークや光子などが素粒子です。

「宇宙で1番重い天体は」答はこれも銀河団または超銀河団です。重いものでは太陽の約1000兆倍の質量があります。ちなみに地平線内の宇宙全体の質量は更にその約10億倍ほどになります。

「宇宙で1番軽いものは?」軽いものというと素粒子になりますが、電子やニュートリノには質量があります。一方、光子には質量がありません。したがって、宇宙で1番軽いものは光子で質量は0ということになります。

「宇宙で1番速いものは?」正解は光です。特殊相対論により通常の物体は光の速さを超えることができません。実は光よりも速い粒子タキオンが提案されたことがあるのですが、いままで全く見つかっていません。

「宇宙で1番熱いものは?」現在の宇宙に限ってみると、中性子星連星の合体は非常に高温の現象で約1兆度を超えるかもしれないといわれています。また、宇宙誕生直後にはさらに高温・高密度の状態が実現していたと考えられています。

「宇宙で1番冷たいものは?」宇宙は絶対温度2・725Kの宇宙マイクロ波背景放射で満たされていますが、これより温度を下げることも可能です。しかし、温度には絶対的な最低温度(絶対零度)があります。摂氏マイナス273・15度です。これより低い温度は存在しません。

索　引

【さ】

MEMO

【著者紹介】

北本　俊二（きたもと　しゅんじ）
立教大学　理学部　教授
理学博士
専門分野：高エネルギー天文学

原田　知広（はらだ ともひろ）
立教大学　理学部　教授
博士（理学）
専門分野：一般相対性理論・宇宙物理学・宇宙論

亀田　真吾（かめだ　しんご）
立教大学　理学部　教授
宇宙航空研究開発機構宇宙科学研究所特任教授
博士（理学）
専門分野：惑星科学

宇宙まるごとQ＆A －はやぶさ2からブラックホールまで－

2021年２月11日　初版第１刷発行

著　者　北本　俊二
　　　　原田　知広
　　　　亀田　真吾

発行者　柴山　斐呂子

発行所　理工図書株式会社
〒102-0082　東京都千代田区一番町 27-2
電話 03（3230）0221（代表）
FAX 03（3262）8247
振替口座　00180-3-36087 番
http://www.rikohtosho.co.jp

ISBN978-4-8446-0904-9
印刷・製本　丸井工文社